咖啡大全

田口護●著

決定自己動手烘焙咖啡豆，已是距今約三十年前的事情了。原因之一是自己對於烘焙業者製作出的咖啡豆竟然使用得毫不猶豫而感到汗顏；只要市場上還有像我們這樣偷懶、不去思考咖啡豆適合與否的咖啡店存在，咖啡豆廠商再怎麼用心管制咖啡豆的品質，也是枉然。說得明白些，甚至有些店家連酸敗了的咖啡豆都上架出售！當時在西德甚至規定，烘焙過的咖啡豆，若一週內未售完要回收。就是這點，令我想要推出讓客人讚嘆不已的咖啡。

原因之二是，我當時鍾情於前西德的艾德休咖啡館（注——位於德國漢堡市）的咖啡豆；「艾德休」與「奇波」均爲當地知名咖啡館，其深度烘焙的咖啡豆更是風味獨具，沒有一顆瑕疵豆在其中，粒粒飽滿且香氣濃郁。當時日本正風行口味較淡的美式咖啡，這類深度烘焙的咖啡僅能在極少數的自家烘焙店才能找得到。或許因爲淺度烘焙盛行的關係，日本當時的咖啡店幾乎都聞不到咖啡的香味。

「我想用自己這雙手親自做出艾德休咖啡館那樣的咖啡！不！甚至要比它更好！」

一切就是由此開始。

因而走上咖啡之路的我，歷經三十年歲月所製作出的咖啡，究竟超越艾德休與否，答案已經不重要，更重要的是，我在這條路上學到的那些有關咖啡豆與烘焙、萃取的知識。我認爲所謂的技術必須經得起考驗，否則有何資格指導後進，又如何能夠精益求精？

我不喜歡「深奧」這類曖昧的辭藻。過去，咖啡總被視爲是咖啡師傅的感性所醞釀出的產物，而烘焙也常被覆上一層神祕的面紗，然此神秘主義卻沒有任何助益。創造，需要冷靜的邏輯思考，缺乏邏輯概念而空有技術只是枉然。

本書是將我三十年來之小心得匯集成冊。我的想法是，將選擇生豆到萃取的過程視爲一個系統，透過每個步驟中存在的不同條件，創造出各種不同的咖啡味道。這套原創的想法，我稱之爲「系統咖啡學」。

有了這套系統咖啡學，我相信一直以來令人頭痛的烘焙問題皆可透過此理論迎刃而解。到萃取爲止的每個步驟都存在著「法則」，只要將這些法則一一整合，歸結出的成果就是這裡說的「系統咖啡學」了。

咖啡的世界此刻正面臨重大的轉變，以精品咖啡（Specialty Coffee）爲代表的高品質咖啡時代已然到來。我由衷欣悅自己這三十年來致力於追求高品質咖啡的做法果然沒錯。

田口　護

●田口 護（Taguchi mamoru）

一九三八年出生於日本札幌市。起初是幫忙家裡的鍋爐維修事業，與妻子文子結婚後，在現在的店址處開設「巴哈咖啡屋」。一九七二年開始自行烘焙咖啡豆，直到現在他仍不斷往來世界各咖啡生產國與歐美各國，學習咖啡豆栽培乃至於萃取技巧。目前他主持約有一百間店面的「巴哈咖啡集團」，並指導後進咖啡相關知識。除了擔任日本咖啡文化學會烘焙萃取委員長外，還在辻調理師專門學校、辻製菓專門學校等機構擔任講師。二〇〇〇年在沖繩召開的高峰會議上所飲用的正是巴哈綜合咖啡，獲得各國元首一致的好評。著作有《專家指導的講究咖啡》（NHK出版）、《品嘗咖啡的訣竅》（柴田書店）等。曾參與ＮＨＫ的「試過就了解」、「早安！悠閒的一天」等節目的演出。

自家烘焙咖啡屋「巴哈」
〒111-0021
日本國東京都台東區日本堤1-23-9
TEL 03-3875-2669
FAX 03-3876-7588
http://www.bach-kaffee.co.jp
E-mail: cafe@bach-kaffee.co.jp

咖啡大全●目錄

第5章 咖啡的萃取 122

●小專欄

第1章

咖啡豆的基礎知識

你可曾注意過我們平日喝入口中的咖啡？在這章，我們將追尋咖啡的根，學習各式各樣的咖啡品種，及其栽培方式與精製方式，讓你知道何謂「好咖啡」、何謂「壞咖啡」，並教你如何區分。

1・1 咖啡的三大原生種

咖啡的果實

咖啡屬於茜草科咖啡屬的常綠灌木，以熱帶地方爲中心，約有五百屬、六千種的茜草科植物分布於此。它們一直以來大多都被認爲具有某些藥效，如健胃、醒腦、止血、散熱、強身等。在日本最爲人所知的茜草科植物就是梔子，它的果實從以前就被曬乾拿來作爲藥材。

咖啡屬的植物約有四十種，但能夠生產出具有商品價值咖啡豆的僅有：1阿拉比卡種、2羅布斯塔種、3賴比瑞亞種，這三種稱爲「咖啡三大原生種」（見第9頁表1）。

1 阿拉比卡種（學名Coffea arabica）

阿拉比卡種的原產地是衣索比亞的阿比西尼亞高原（即現在的衣索比亞高原）；初期主要作爲藥物食用（回教的僧侶們用來當作療癒身心的祕藥或者用來醒腦），十三世紀培養出烘焙飲用的習慣；十六世紀經由阿拉伯世界傳入歐洲，進一步成爲全世界人們共同喜愛的飲料。

全世界的咖啡中，阿拉比卡種的咖啡約佔七十五％至八〇％，它的絕佳風味與香氣，使它成爲這些原生種中唯一能夠直接飲用的咖啡。但其對乾燥、霜害、病蟲害等的抵抗力過低，特別不耐咖啡最大天敵──葉鏽病，因而各生產國無不致力於品種改良。譬如斯里蘭卡就是一個例子；過去斯里蘭卡曾是遠近馳名的咖啡生產國之一，十九世紀末卻因爲葉鏽病的肆虐，咖啡莊園無一倖存。此後，斯里蘭卡轉而發展紅茶產業，並與印度同列紅茶王國。

阿拉比卡種咖啡豆主要產地爲南美洲（阿根廷與巴西部分區域除外）、中美洲各國、非洲（肯亞、衣索比亞等地，主要是東非諸國）、亞洲（包括葉門、印度、巴布亞新幾內亞的部分區域）。

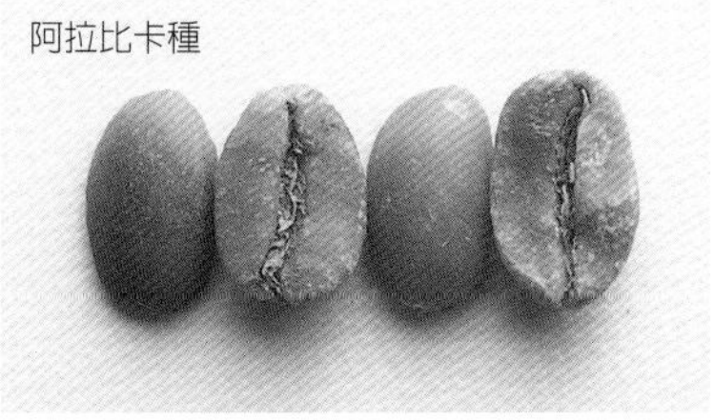

阿拉比卡種

咖啡主要分爲三大類──阿拉比卡（Arabica）、羅布斯塔（Robusta）、賴比瑞亞（Liberica），但在市場上流通的多是阿拉比卡和羅布斯塔兩種。不論何種皆有其優缺點，使用的目的與用途亦大相逕庭。

2 羅布斯塔種（學名Coffea robusta Linden）

在非洲剛果發現的耐葉鏽病品種，較阿拉比卡種有更強的抗病力。一般大眾都喜歡將羅布斯塔種與阿拉比卡種咖啡相提並論，事實上羅布斯塔種原是剛果種（學名Coffea canephora）的突變品種，所以正確來說，該拿來相提並論的是剛果種與阿拉比卡種。然直至今日羅布斯塔種的名稱已爲一般人慣用，而將之視爲與剛果種同階層。

阿拉比卡種咖啡豆生長在熱帶地方較冷的高海拔地區，不適合阿拉比卡種咖啡生長的高溫多溼地帶，就是羅布斯塔種咖

羅布斯塔種

啡生長的地方。羅布斯塔種具有獨特的香味（稱爲「羅布味」的異味，有些人認爲是霉臭味）與苦味，僅僅取二至三%的比例與其他咖啡混合，整杯咖啡全成了羅布斯塔味。它的風味就是如此鮮明強烈，不過若想直接品嘗它恐怕得考慮一下。一般被用於即溶咖啡（其萃取出的咖啡液大約是阿拉比卡種的兩倍）、罐裝咖啡、液體咖啡等工業生產咖啡上。咖啡因的含量約3.2%左右，遠高於阿拉比卡種的1.5%。

主要生產國在印尼、越南、非洲（以象牙海岸、奈及利亞、安哥拉爲中心的西非諸國），近年來越南更致力於躋身主要咖啡生產國之列，並將咖啡生產列入國家政策中（越南亦生產部分阿拉比卡咖啡）。

賴比瑞亞種

3 賴比瑞亞種（學名Coffea liberica）

西部非洲爲賴比瑞亞種咖啡的原產地，對於不論是高低溫、潮濕或乾燥的各種環境，皆有很強的適應能力，惟獨不耐葉鏽病，風味又較阿拉比卡種差，故僅在西非部分國家（蘇利南、利比亞、象牙海岸等）國內交易買賣，或者栽種來供作研究使用，在日本更是根本買不到。

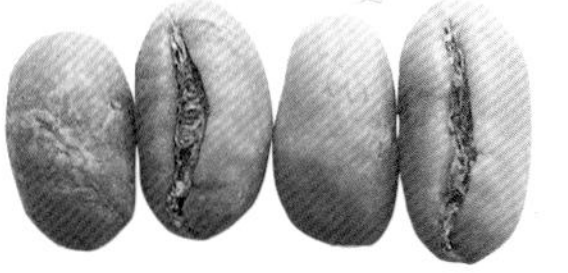
圓豆（Pea berry）

●圓豆與平豆

咖啡果實的中心是一對左右對稱、合抱成橢圓形的種子，種子接觸面呈現扁平形狀故稱為「平豆（Flat bean）」；果實中只有一顆渾圓的種子則稱「圓豆（Pea berry）」。圓豆的成因是交配異常，多出現在過遲或過早開花的咖啡樹末端。其圓滾滾的形狀便於烘焙，因而較受重視。

平豆（Flat bean）

咖啡花

■在市場流通的咖啡中約有六十五%為阿拉比卡種

根據ICO（國際咖啡組織）的統計，扣除各咖啡生產國國內交易的部分，在世界市場流通的咖啡中六十五%爲阿拉比卡種，三十五%爲羅布斯塔種。阿拉比卡種的特徵是顆粒細長且扁平，羅布斯塔種的咖啡豆較渾圓，由形狀即可輕易分辨出兩者的不同。

但若再加上阿拉比卡與羅布斯塔的交配種（例如變種哥倫比亞（Variedad Colombia）次種，它屬於哥倫比亞咖啡的主要品種，有四分之一羅布斯塔種血統，因而能抗葉鏽病且生產量高），與其突變出的次種咖啡豆，分類上又會更加複雜。有的阿拉比卡種咖啡豆相當接近原生種，也有些阿拉比卡種相當類似羅布斯塔種。即使咖啡名稱相同（因爲命名來自產地名稱），栽培品種不同，風味也就不同。

表1　三大原生種的特徵

	阿拉比卡種	羅布斯塔種	賴比瑞亞種
口味・香氣	優質的香味與酸味	香味類似炒過的麥子，酸味不明顯。	重苦味
豆子的形狀	扁平、橢圓形	較阿拉比卡種圓	湯匙狀
樹高	5~6m	5m左右	10m
每樹收成量	相對較多	多	少
栽培高度	500~2000m（高海拔區）	500m以下（低海拔區）	200m以下
耐腐性	弱	強	強
適合溫度	不耐低溫、高溫	耐高溫	耐低溫、高溫
適合雨量	不耐多雨、少雨	耐多雨	耐多雨、少雨
結果期	大約在三年內	三年	五年
佔世界總生產量的比例	70~80%	20~30%	稀少

1・2 咖啡的栽培條件

咖啡主要栽種在熱帶、副熱帶地區，此區又被稱為「咖啡帶」(Coffee Belt)。在一般歐美國家，高海拔地區出產的咖啡較低海拔的產品價格高且質優。

有個名詞叫做「咖啡帶」。全世界咖啡生產國有六十餘國，其中大半皆位在南北回歸線（南、北緯23度27分）所包夾的熱帶、副熱帶地區內，赤道由此區穿過。此咖啡栽培區又稱「咖啡帶（Coffee Belt）」或「咖啡區（Coffee Zone）」。

咖啡帶的年平均氣溫都在20℃以上，因為咖啡樹是熱帶植物，若氣溫低於20℃則咖啡無法健全生長。日本的沖繩諸島勉強算在咖啡帶之列，現在亦進行小規模的咖啡栽種。明治時期（一八六八～一九一二）咖啡栽種在小笠原諸島，而後更進一步地將栽種範圍擴展到沖繩和當時屬日本殖民地的台灣，但現在已看不到當時的成果。

1 氣候條件

阿拉比卡種咖啡不耐高溫多濕的氣候，也無法久處5℃以下的低溫，故多栽種於海拔一千至二千公尺高地的陡峻斜坡。另一方面，羅布斯塔種咖啡則因適應能力強，（羅布斯塔的原義即指「頑強健壯」）故多栽培於海拔一千公尺以下的低地。

全年降雨平均，降雨量約在一千到二千公厘左右，再加上適度的日照，是最適合咖啡的環境。但阿拉比卡種咖啡不耐強烈日照與酷熱，因此適合種植於易生晨霧的地形，特別是日夜溫差大的地方。另外有些地方為了避免太陽直接照射還會種植遮蔽樹，如香蕉、玉蜀黍、芒果等。

2 土質

簡單來說，適合栽種咖啡的土壤，就是有足夠濕氣與水分且富含有機質的肥沃火山土。咖啡的原產地——衣索比亞阿比西尼亞高原上就佈滿了這種火成岩風化土，因此富含腐植質的土壤自然成為適合栽種咖啡的基本條件之一。

事實上，巴西高原地帶（稱「Terra rossa」，意為玄武岩風化的肥沃紅土）、中美高地、南美安地斯山脈週邊、非洲高原地帶、西印度群島、爪哇（部分地方的土壤也是火成岩風化土，或是火山灰與腐植土的混合土）等咖啡主要生產地帶，也和衣索比亞高原地帶一樣，擁有水分充足的肥沃土壤。

土質對咖啡的味道有微妙影響。一般來說，種植在偏酸性土壤上的咖啡酸味也會較強烈。又如巴西里約熱內盧一帶土壤帶有碘味，採收咖啡豆時採用搖樹法將果實搖落地面，咖啡也

圖1　咖啡的主要產地

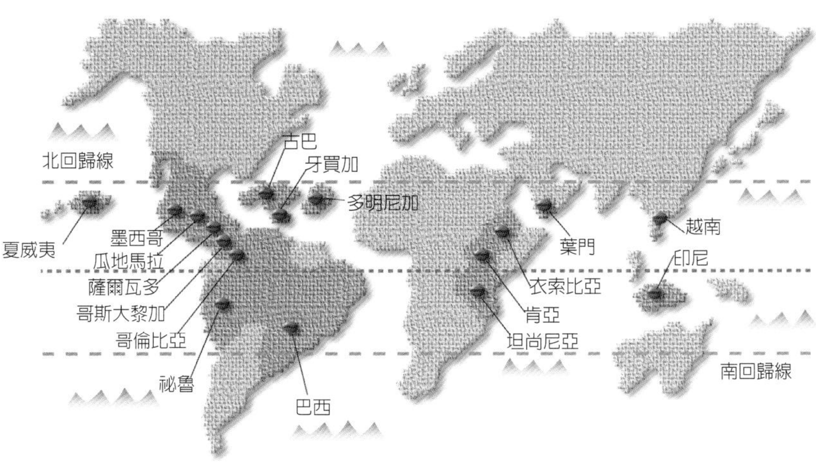

會沾染那種獨特的味道。

3 地形與高度

一般皆認爲高地產的咖啡品質較佳。（參考表2）中美各咖啡產國因爲有山脈自大陸中央穿越，它們會以「標高」作爲分級標準。例如瓜地馬拉的SHB（取Strictly Hard Bean的字首縮寫而來），七等級中的最高級即稱SHB，代表它的產地高度爲海拔四千五百呎（約一三七〇公尺）。

雖然咖啡莊園位在險峻的斜坡高地上，對於交通、搬運以及栽培管理各方面都大不易，但另一方面，位在這樣的地形上，氣溫低且易起晨霧，能夠緩和熱帶地區特有的強烈日照，讓咖啡果實有時間充分發育成熟。

但是牙買加島的「藍山」與「夏威夷可那」等高級咖啡就非高地採收咖啡。只要有合適的氣溫、降雨量和土壤，會起晨霧且日夜溫差大，就能栽種出高品質咖啡。由此可知，即使「高地產等於高品質」，也並不意味著「低地產等於低品質」。標高只能視爲判斷咖啡等級的參考標準之一，標高雖然重要，但產地的地形與氣候條件更重要。

咖啡的主要消費市場歐洲諸國，從以前就給肯亞及哥倫比亞等高地咖啡較高評價。定量的咖啡豆能夠萃取出較多的咖啡液（意即濃度較高），這也是高地咖啡獲得好評的原因之一。

巴西席拉多（Cerrado）地區「姆頓諾波莊園」的咖啡果實採集作業。果實的汁液會讓雙手變黑。

再者前面已經提過，原產自剛果的羅布斯塔種咖啡栽種在海拔一千公尺以下的低地，與阿拉比卡種不同；成長速度快又耐病蟲害，在不肥沃的土壤亦能栽種，因而味道與香氣都遠遜於阿拉比卡種咖啡。我並非否定羅布斯塔種咖啡的存在，但原則上我不使用羅布斯塔種咖啡。原因其實很單純，只是因爲我想喝到品質更高的咖啡，也想讓大家都能享用到品質更好的咖啡罷了。

表2 低地產・高地產的咖啡特徵

	顏色	豆質	香味	酸味	澀味	醇厚度	儲藏	烘焙	價格
低地產	淡綠色	柔軟	弱	弱	弱	少	不適合	容易	低
高地產	深綠色	堅硬	強	強	強	多	適合	困難	高

＊等量的咖啡豆所萃取出的咖啡液，以高地產的較多，特別是歐洲對高地產咖啡評價較高。

肯亞山腳下一望無際的咖啡園。

1·3 咖啡的栽培過程

搖落法

咖啡的採收方式各產地不同，主要分爲手摘法與搖落法兩種。用手小心翼翼摘下已成熟的紅色果實當然是最理想的做法，但實際上還必須考量效率問題。

手摘法

■ 咖啡豆的構造

常有人誤以爲咖啡是直接以生豆種植的，花心思種了半天卻發現怎麼也不發芽。事實上咖啡要以還帶著內果皮（Parchment）的種子種植。「內果皮」（或稱「羊皮」或「紙皮」）是指包裹著咖啡種子的茶褐色硬皮（請參照圖2），附著那層皮的咖啡豆稱爲「帶殼豆」（Parchment Bean）。

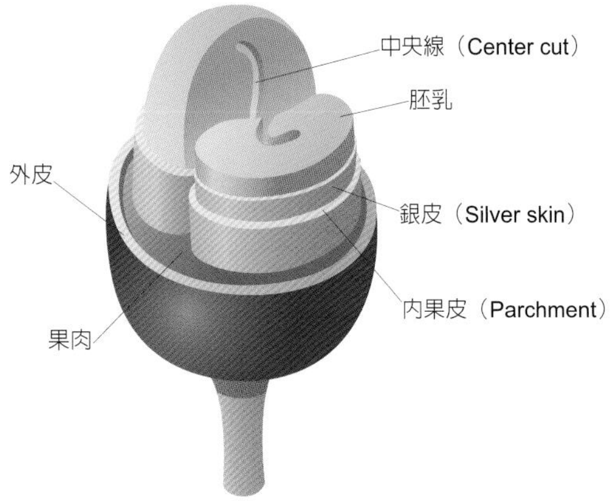

圖2　咖啡豆的構造

撥開完全成熟的鮮紅咖啡果實（稱爲紅色櫻桃）外皮來看，可以看到在紅色外皮下有黃色的果肉，有點像櫻桃，果肉甘甜，中央有一對相對稱的種子，種子周圍有層滑滑的膜，將膜用水洗去即成爲「生豆」。稍微放一下乾燥後會發現種子外有層內果皮（Parchment），撥開內果皮，會看到包著銀皮（Silver skin）的種子，那種子就是實際作爲咖啡原料的生豆。

1 播種（請參考左頁的小專欄）

接著來談談播種。將包著內果皮的咖啡種至苗床，約四十至六十天就會發芽。發芽後約六個月會成長至五十公分左右的苗木；在這個階段，苗木仍舊脆弱，必須在苗床上覆蓋防寒紗等東西阻擋日光直射。

苗木由苗床移植至農園後約三年開花。在這段期間，中美洲等利用手摘法收成咖啡豆的國家，爲了提高採收咖啡豆的效率，會修剪咖啡樹的枝芽將下方的旁枝摘去。咖啡樹的花是白色五瓣花，有茉莉香氣，花朵在數日內就會凋謝，隨後長出小小的果實，約六至八個月轉爲代表成熟的紅色。

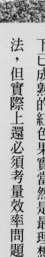

咖啡收成的尖峰期是在咖啡樹長成後的六到十年間，其後收成量會漸走下坡。另外咖啡樹若長得太高也會造成收成不易，因此咖啡農會由距離地面三十至五十公分處將樹幹鋸斷，讓它重生枝芽，更新生產力。此步驟稱爲「回切」（Cut back）。若再配合上天候、施肥、抗病蟲害等的天時地利人和，咖啡樹便能夠持續二十年，甚至三十至五十年結果不斷。

野生咖啡樹能夠高達十公尺左右，但一般人爲栽種的咖啡樹爲了採收方便，均維持在二公尺左右高度。阿拉比卡種咖啡年年都在進行品種改良，希望能夠達到高收成量、抗病度高、收成期早、環境適應力高的水準，當然還要再加上樹的高度低，讓採收更有效率。

2 採收

咖啡的採收期以及採收方式因地而異，一般來說大致是一年一至二次（有時也能達三、四次）。採收期多在旱季。舉例來說，巴西約在六月左右，由東北部的巴希亞州（Bahia）開始依序南下，到十月左右南部的巴拉那州（Parana）爲止採收結束。中美諸國的採收期則是九月左右至隔年一月爲止，由低地往高地採收。

採收方式大抵分爲兩類，一是手摘法，一是搖落法。

a 手摘法

除了巴西與衣索比亞外，多數的阿拉比卡種咖啡產國皆採用手摘法採收。手摘法不單是將成熟鮮紅的咖啡豆摘下，有時還會連同未成熟的青色咖啡豆與樹枝一起摘下，因而這些未成熟豆常會混入精製後的咖啡豆中，特別是採用自然乾燥法精製時。如果這些豆子也一起混入烘焙，會產生令人作嘔的臭味。

b 搖落法

此法是用亂棍擊打成熟的果實或者搖晃咖啡樹枝，讓果實掉落匯集成堆。規模較大的莊園會採用大型採收機，而中小型的農莊就以全家動員的人海戰術採收。這種將果實搖落地面的方法，比手摘法更容易混入雜質與瑕疵豆；有些產地的豆子還會沾上奇特的異味，或者因爲地面潮濕而讓豆子發酵。巴西與衣索比亞等羅布斯塔種咖啡豆的生產國多以此種方式採收。

以搖落法採收的國家，亦多採自然乾燥法精製咖啡豆。咖啡春天開花，夏天結果，冬天收成，因此在乾、雨季區分不明顯的地方，採收與乾燥作業相當困難；遇上雨季，就無法採用自然乾燥法。因此咖啡適合種植於乾、雨季分明的地區。

巴西席拉多（Cerrado）地區「姆頓諾波農莊」的採收作業。照片中為採收機。

由播種到成樹

內果皮不摘除直接播種

發芽後約一個月左右成長至五、六公分，稱為火柴棒。

移植至花盆的咖啡幼苗

剛移至農園的咖啡苗

咖啡以不摘除內果皮的狀態播種至苗床（就是稱為「pot」的塑膠花盆），約四十至六十天左右發芽後掛上防寒紗，在苗床培育約五個月。播種後約過半年，咖啡苗長至四、五十公分左右即移植至農園，成長到能夠收穫約是三年後的事（因為品種改良的緣故，收成時間已能提早）。

1．4 咖啡的精製法

將採下的果實去除雜質變成「生豆」的過程稱為「精製」。精製法主要分為兩大類——水洗式與非水洗式。巴西等地原本是採非水洗式，但為了追求更高的精製品質，如今也改以水洗式精製法。

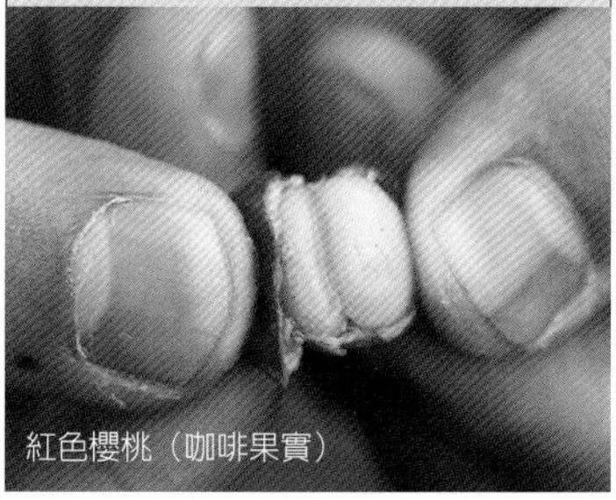
紅色櫻桃（咖啡果實）

■把咖啡由果實變成「生豆」

咖啡的果實亦可稱為「Coffee fruit」，中央有一對橢圓形的種子，種子被外皮、內果皮與果肉覆蓋。成熟的果實未經處理短時間內就會腐壞，因此精製的目的，就是為了使咖啡豆能夠長期保存，以便於儲存及流通。精製是將咖啡果實的外皮和果肉去除，再將種子（Coffee beans）取出；一般說來，五公斤的咖啡果實約可取得一公斤的咖啡生豆。

精製法有乾燥式、水洗式，以及兩者的折衷——半水洗式三種。精製後咖啡生豆的顏色雖依咖啡豆種類或含水量而有異，但大致均呈現濃綠色，因此又被稱為「Green bean」。

1 乾燥式精製法（又稱自然乾燥法（Nature Dry）或非水洗式（Un-washed））

果實採收後，須經過自然（日曬）乾燥法或機器乾燥法將之乾燥、去殼、取出生豆。自然乾燥法，如同字面所示，是將果實攤放在露天日曬場，以陽光曝曬乾燥。為避免乾燥不平均或者發酵，必須適時攪拌。日曬天數視果實的成熟度而定，成熟度愈高則僅需數日，未成熟的果實需要曬上一至二週。

原本櫻桃般鮮紅的果實曬上一個禮拜後會變黑，外皮與果肉也會變硬而容易取下。晚上要蓋上防水布阻擋夜露，讓它成為黑色的「乾燥櫻桃」（Dry Cherry）（巴西特別稱之為「可可」）。曬乾順利的話含水量約十一～十二%，一般出口的咖啡生豆含水量約在十二～十三%。

自然乾燥法的作業過程單純，設備投資的花費又少，成本相對較低，因此過去幾乎所有生產國都採用此法，可謂歷史相當久遠的精製方式。但因為此種精製法受制於天候，且耗日費時，現在除了巴西、衣索比亞、葉門、玻利維亞、巴拉圭等國家外，幾乎所有阿拉比卡種咖啡的生產國都改採水洗式精製法。

巴西固定採用自然乾燥法是有原因的；首先，因為它沒有足夠的水應付生產量龐大的咖啡豆精製過程；其次是因為巴西特有的廣大平坦地形，也適用自然乾燥法大規模生產。不過最近巴希亞州（Bahia）等地也開始使用水洗式精製法，

表3　自然乾燥法咖啡的精製過程

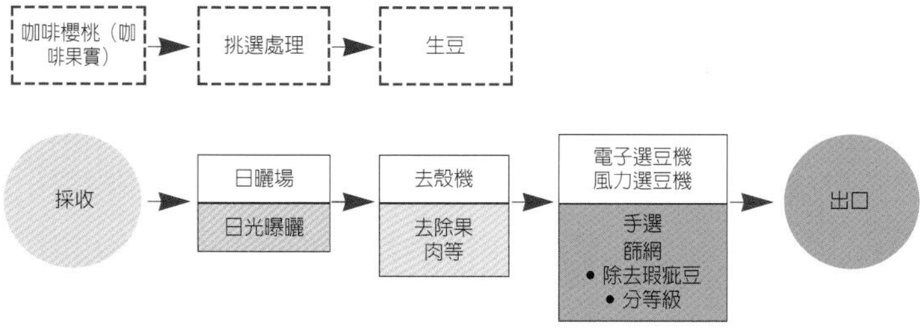

生產出幾乎沒有瑕疵豆的高精製度咖啡豆。自然乾燥法的缺點就在於容易混雜過多的瑕疵豆等雜質。光就咖啡豆外觀相比，自然乾燥法與水洗式精製法孰優孰劣，一目了然。

提到葉門，就會讓人想到它最有名的「摩卡・瑪塔利」（Mokha Mattari）咖啡。獨特的酸味與味道的醇厚度，被日本人視爲極品。它就是自然乾燥法的代表，與蘇門達臘的曼特寧一樣，皆有豆子外觀不整齊且雜質多的情況。葉門採用自然乾燥法是因爲缺水不得已；衣索比亞的西達摩（Sidamo）與金瑪（Djimmah）則逐漸開始改用水洗式精製法。原本一提到衣索比亞，最爲人所知的就是以自然乾燥法精製的「摩卡・哈拉」（Mokha Harrar）咖啡，不過最近衣索比亞水洗式咖啡豆亦有增加的趨勢，而這些高級品主要向歐洲輸出。

2 水洗式精製法（Washed）

水洗式精製法始於十八世紀中期。精製過程首先將咖啡果實（咖啡櫻桃）的果肉去除，接著用發酵槽去除殘留在內果皮上的黏膜，豆子清洗過後加以乾燥（請參照表4）。非水洗式精製法與水洗式精製法的不同，在於非水洗式是乾燥後再去除果肉，而水洗式則是去除果肉後再乾燥。

水洗式精製法能透過每個步驟去除雜質（石頭或垃圾等）與瑕疵豆，因此生豆的水準極高，外觀均一，普遍被認爲具有高品質，交易價格也較自然乾燥法精製的咖啡豆高。

但是工程分工愈細，作業與衛生管理方面的手續也就愈多，風險亦是愈高，因而水洗式不見得就等於高品質。水洗式咖啡最大的缺點在於發酵過程中，咖啡豆會沾附上發酵的臭味，甚至還有些咖啡行家指出：「一顆有發酵味的咖啡豆會壞了五〇公克的豆子」。豆子會沾上發酵味，絕大多數是因爲發酵槽缺乏管理維護的關係。

將內果皮上帶著黏膜的咖啡豆浸在發酵槽中一個晚上能夠去除黏膜。但若是發酵槽清理不完全，溫、溼度的變動過大造成發酵槽中的微生物產生變化，會導致咖啡豆沾上發酵味。另外，水洗式精製法的設備成本較高，精製的步驟也相當費工夫，理所當然生產成本也就相對提高了。

表4　水洗式咖啡精製過程

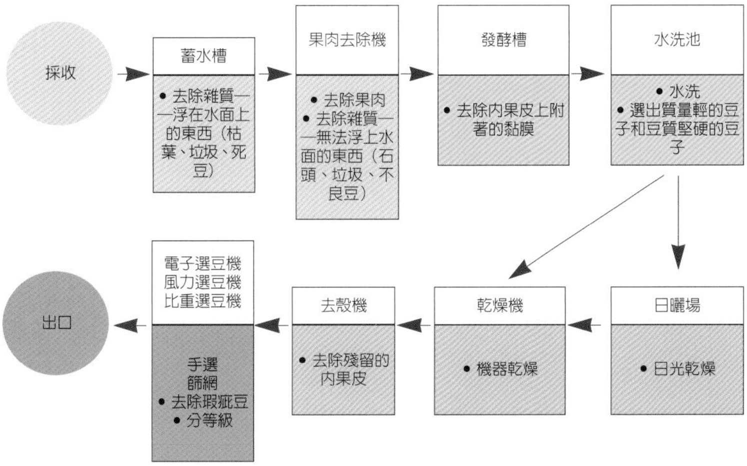

各咖啡生產國的精製實況

咖啡果實正要開始精製（古巴）

用果肉去除機去除果肉和雜質（石頭或垃圾等）（衣索比亞）

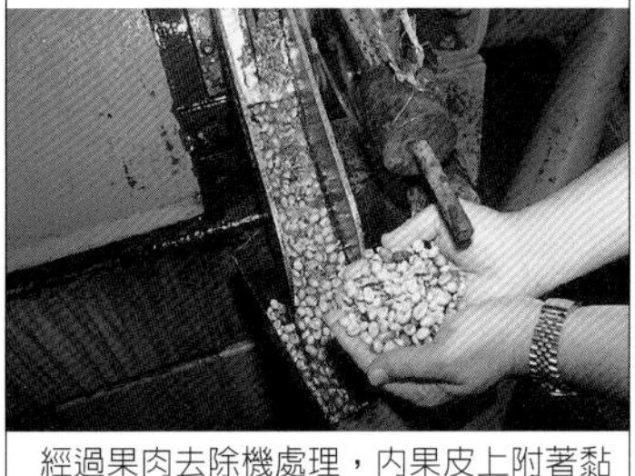
經過果肉去除機處理，內果皮上附著黏膜的咖啡豆（哥斯大黎加）

水洗式發酵槽（巴西）

用巨大的乾燥機烘乾（哥斯大黎加）

有些地方是採用遮蔽雨露的小屋乾燥咖啡豆，當地稱之為「高床式乾燥法（Window dry）」（哥倫比亞）

3 半水洗式精製法（Semi-washed）

此爲乾燥式與水洗式的折衷型。做法是將收成的咖啡果實水洗後，再用機械去除外皮與果肉，用日光使之乾燥，再用機器乾燥結束。與水洗式精製法的不同之處，在於過程中不將咖啡果實放入發酵槽，品質上又比乾燥式精製法穩定。巴西的席拉多（Cerrado）地區就是採用半水洗式精製法。

＊　＊

就如我前面說過的，咖啡生產國目前大多漸趨向於水洗式精製法；而採用非水洗式精製法的各生產國，會根據各自的地理環境和生產需求，採用自然乾燥法精製。因此，將非水洗式精製法視爲水洗式精製法的過渡法，甚至認爲它是較水洗式精製法次一等的精製法，這是不公平也不正確的。

水洗式精製法的咖啡豆在歐美等地能夠獲得較高評價，多是因爲它的雜質與瑕疵豆少，且豆子外觀整齊清潔。大眾常被誤導「水洗式等於美味」，但外觀絕非等於內在，水洗式與非水洗式精製法各有長短。

譬如說，葉門的「摩卡・瑪塔利」咖啡豆外觀看來顆粒小，不懂的人還會誤以爲它有四成都是瑕疵豆與雜質，但它那獲得好評的獨特葡萄酒香氣，卻是其他咖啡豆無法替代的。由此可知，咖啡豆品質的優劣與精製法並無絕對的關係。

◎乾燥式與水洗式咖啡的不同

【外觀的不同】

水洗式的咖啡含水量有十二～十三%，乾燥式咖啡豆的含水量則爲十一～十二%。外觀上看來前者的綠色較深。一般說來，含水量較高的生豆，顏色多呈綠色或青色系，含水量較少的生豆顏色呈褐色或接近白色。生豆因爲水洗式精製法銀皮（附著在生豆表面的表皮）已除去，豆子表面呈現特殊光澤。而乾燥式精製法大多是脫殼後銀皮仍然留著。

又水洗式精製法只要不是採深度烘焙，烘焙後中央線仍會留有白色的銀皮；乾燥式精製法豆子的銀皮則在烘焙過後就沒有了。由此可知，即便經過烘焙，兩者的差異仍舊清楚可辨。銀皮殘留量少時不構成影響，殘留過多則會帶來澀味。

【瑕疵豆混雜】

巴西的咖啡豆採用非水洗式精製法，除了一部份良品外，大部分的豆子品質都不佳，還混雜許多未熟豆或過熟豆。這些瑕疵豆中又屬未熟豆與發酵豆最讓烘焙師落淚。這些豆子在生豆階段難以辨別，若手選過濾沒有挑出來，烘焙之後，根本就無法從外表分辨了。

巴西咖啡豆還有一個問題，若是它們在乾燥的過程濕氣過多，則豆子會沾上土味（碘味），這點也是從外觀上看不出來的，必須要注意。葉門與衣索比亞的非水洗式咖啡也和巴西相同，雜質與瑕疵豆相當多，因而清除作業要較烘焙還花時間。

另一方面，水洗式生豆要成爲產品前需經過多次洗滌，石頭與木屑不易混入，又瑕疵豆少，較少有需被挑除的豆子，但有時會混入沾上發酵味的咖啡豆。水洗式精製法的缺點就是豆子容易有發酵味，而這些豆子在外觀上看起來又幾乎與正常生豆無異，這點反而使得水洗式精製法比非水洗式精製法更難找出瑕疵豆。

【烘焙法不同】

採用自然乾燥法精製咖啡豆的巴西所生產的良質咖啡少有大小不均的情況，相當適合烘焙，原因在於自然乾燥法連咖啡豆中心的水分都去除的關係，如此一來，可以烘焙出酸味溫和且少澀味的豆子。烘焙最難之處在於酸味與澀味的控制。大致說來，水洗式精製法因爲乾燥期短暫，因而酸味與澀味皆強烈。

有許多方法能夠緩和酸味與澀味，將豆子靜置一段時間亦可，烘焙新豆（New crop）要比烘焙自然乾燥法精製的豆子花時間（約稍長一～二%的時間）。

這樣看起來，水洗式咖啡的烘焙難度好像較高，但烘焙自然乾燥法的葉門、摩卡、曼特寧時，就會發現還有其他難關存在。自然乾燥法精製的豆子理所當然會有尺寸大小不均、乾燥不勻的狀況，因此重點在於如何不要烘焙過度，而這就端看烘焙者的技巧了。

採用水洗式精製法的地方也要用日光曝曬兩天使其乾燥（墨西哥）

區分豆子大小的選豆機（古巴）

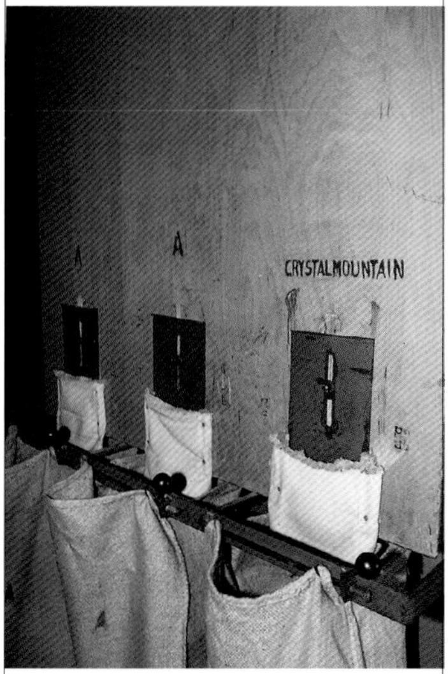

上圖選豆機的另一面，機器正在將「水晶山」（Crystalmountain）一一裝入袋中。

1-5 阿拉比卡品種的咖啡與品種改良

阿拉比卡種咖啡豆中，有極接近原種的傳統品種，也有突變種或者與羅布斯塔交配生成的混血種。咖啡的品種改良不光是侷限在對抗病蟲害，同時也追求源源不絕的收成量。

1 阿拉比卡種的品種

「咖啡是茜草科咖啡屬的常綠灌木……」、「阿拉比卡種、羅布斯塔（康乃弗拉）種、利比亞種稱爲咖啡三大原生種」這些我在前面已經提過了，所謂的「科、屬、種」在生物分類學上被歸位在什麼位置呢?生物的分類上來說，由上到下分別爲「界、門、綱、目、科、屬、種」，「種」的下面又再分爲次種、變種、品種三階段。

阿拉比卡種咖啡一般被認爲原產自衣索比亞阿比西尼亞高原，廣佈於熱帶地區，經過反覆的突變或者配種，衍生出許許多多的品種。現在，據說光是阿拉比卡種咖啡就有七十多個品種存在。

所謂「種」，拿米來說明，就是印地卡種（Indica）的長米與傑波尼卡種（Japonica）的短米這之間的區別，也就是泰國米與日本米的差別。這樣說明或許比較容易理解。再看由「種」衍生出的「次種、變種、品種」；這裡的「品種」就是指越光米或是笹錦米。咖啡就像米一樣有眾多品種。

當然，在品種改良上咖啡與米相同，亦是不斷追求提高抗病度、生產量與環境適應力；除此之外，米還追求口味上的品種改良。反觀咖啡不僅在這點上較不注重，甚至還有「改惡」之嫌。爲了追求生產效率，咖啡口味的品質提昇反而成爲次要的考量目標。

這種傾向由最近世界咖啡市場的動向便可得知。市場對於高品質咖啡，也就是精品咖啡的關注程度大增，咖啡生產國與消費國皆迫切引進全新的品質評價標準。擁有高評價且能以高價買賣的咖啡，多是阿拉比卡種的固有品種（或稱「老樹種」），如帝比卡、波旁、卡杜拉（波旁的突變種）等。

在今日的生產品種中，就屬傳統品種的生產量與抗病度最低，但其豐富的風味卻無可取代。

我絕非帝比卡或波旁品種咖啡的信眾，也非品種至上主義者，但是品種是咖啡美味與否的重要因素這是不容否認的，並且有愈來愈多人注意到這一點。

接下來，我在此介紹幾個主要的咖啡品種及其特徵。

●帝比卡（Typica）

這是阿拉比卡種中最接近原生種的品種，幾乎所有阿拉比卡種的品種皆源流於此。過去廣泛栽種於中南美洲，豆型長，擁有絕佳的香氣與酸味，但其不耐葉鏽病，需要相當多的遮蔽樹而導致生產量低（與波旁（Bourbon）相同，每兩年才能收成一次）。哥倫比亞原本直到一九六七年爲止全都種植帝比卡品種，現在則有八十~九十%皆改種植生產量高且耐陽光直射的卡杜拉（Caturra），或是變種哥倫比亞（Variedad Colombia）。目前哥倫比亞的咖啡市場上已極少出現純粹的帝比卡。

表 5　咖啡樹的品種分類

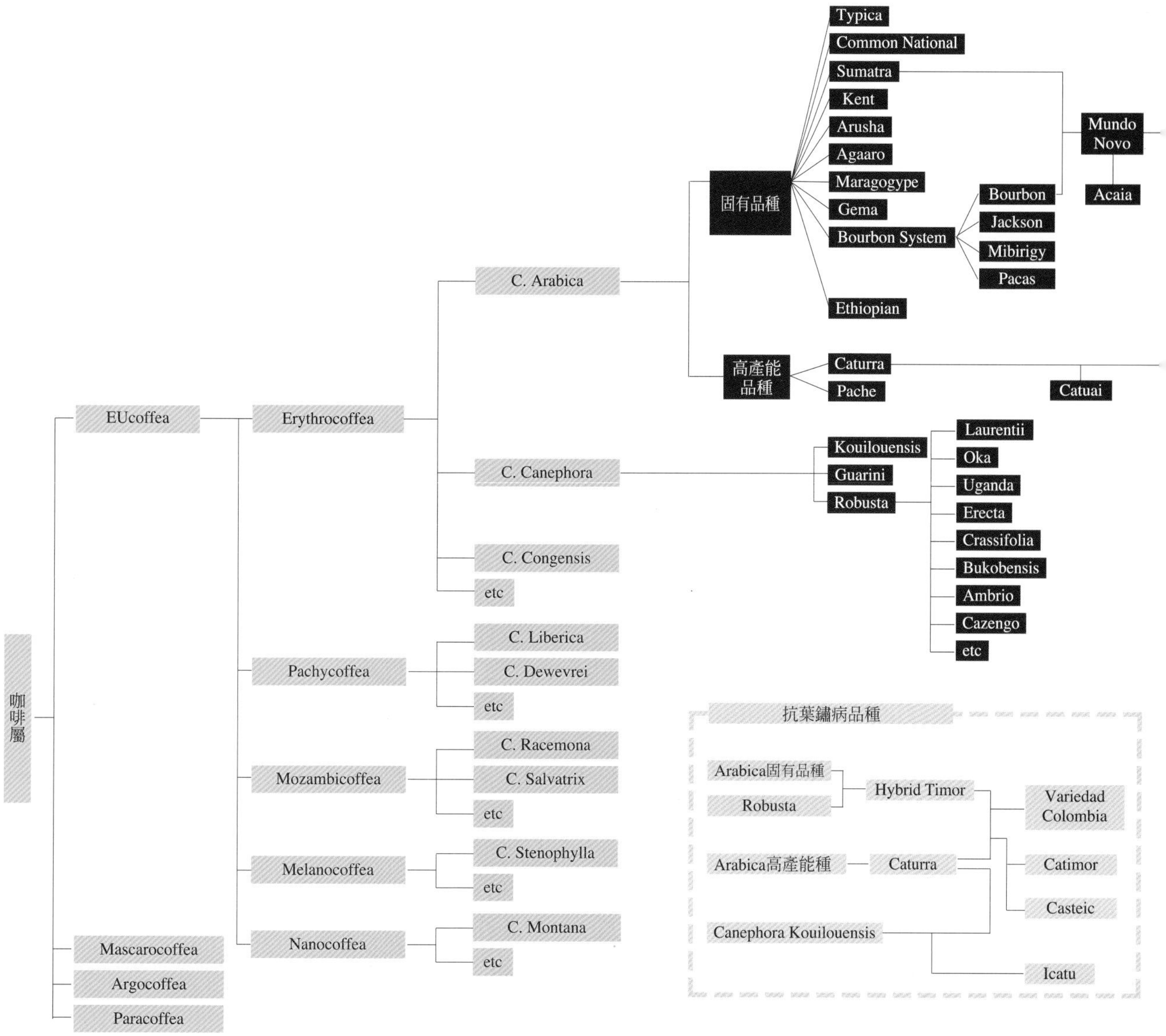

●波旁（Bourbon）

帝比卡是最接近阿拉比卡原種的優良次種，而波旁則是帝比卡突變產生的次種。這兩者是現存最古老的咖啡品種。波旁由葉門移植到東非的馬達加斯加島東邊，再到印度洋上的波旁島（現稱留尼旺島），隨後又隨法國入侵殖民者進入巴西。特徵是豆子顆粒小且渾圓，大多密集群生，故中央線呈S型。

收成量比帝比卡多二十～三十%，但比起其他高產量品種仍屬過少，再加上每兩年才收穫一次，因而逐漸被其他品種取代。蒙多諾渥（Mundo Novo）、卡杜艾（Catuai）等波旁的交配種、突變種，香氣與醇厚度皆屬高品質，也都具有帝比卡的特性。

●卡杜拉（Caturra）

此爲在巴西發現的波旁突變

種；樹的高度低，豆子顆粒小、產量大且抗葉鏽病。缺點是隔年才結果，意即兩年才能收成一次。雖然品質極高，但照料與施肥的成本相當高。適合栽培在海拔四五〇～一七〇〇公尺、年降雨量二五〇〇～三五〇〇公厘的中高地。特色是富酸味，澀味稍強。

●蒙多諾渥（Mundo Novo）

在巴西發現的波旁種與蘇門達臘種的自然交配種。環境適應力高，且耐病蟲害；雖屬高產量品種，但生長速度慢，豆子顆粒偏大。樹高三公尺以上是它的缺點（此高度已超過採收機所能及之高度，故不適合咖啡採收機械化的區域栽種），須每年修剪咖啡樹的樹頂枝葉。一九五〇年左右開始在巴西全區域種植，現在與卡杜拉（Caturra）、卡杜艾（Catuai）同爲巴西的主力品種。蒙多諾渥的酸苦味平衡佳，口味接近固有品種，因此初問市就受到衆人期待，而將之命名爲「Mundo Novo（新世界的意思）」。

●卡杜艾（Catuai）

蒙多諾渥（Mundo Novo）與卡杜拉（Caturra）的交配種。產量高且環境適應力強，樹高低（因爲蒙多諾渥的樹高過高，導致收成困難，因而將之與樹高低的卡杜拉交配）。與卡杜拉不同的是，卡杜艾年年結實。雖然必須充分施肥，但耐病蟲害，且面對強烈的風雨果實也不易掉落。唯其果實成長採收壽命只有十年左右，壽命太短是其弱點。主要栽培在哥倫比亞到中美洲這片廣闊的區域。卡杜艾的味道比蒙多諾渥單調且缺乏醇厚度。

●馬拉戈吉佩（Maragogype）

這是在巴西發現的帝比卡突變種。豆子顆粒大，需用十九號①以上的篩網過濾。味道有些貧乏，外觀賣相佳，故受到部份市場的青睞。樹高偏高故產量低。

●肯特（Kent）

印度的品種。產量高，對於病害，特別是葉鏽病的抗病性強。被認爲是帝比卡與其他品種混合的雜種。

●阿馬雷歐（Amarello）

一般來說，咖啡的果實成熟時會呈現紅色，但此品種的咖啡果實正如其名（Amarello源自近代拉丁語Amarellus-，就是「黃色」的意思），果實成熟爲黃色。樹高低，故產量高。

●卡帝莫（Catimor）

一九五九年誕生於葡萄牙，當時將抗葉鏽病強的帝莫種（Timor，阿拉比卡種與羅布斯塔種的交配種）與波旁的突變種卡杜拉交配生成。爲高產量的商業用品種中，生長度最佳、產量最多的品種。樹高偏低，咖啡果實與種子（生豆）偏大。由卡帝莫衍生出的新品種相當多，大抵說來，卡帝莫系列的品種皆強壯，環境適應力高且產量也高。惟獨口味上，低地產的卡

曼特寧（蘇門達臘固有品種）
在蘇門達臘島等地栽培的品種，豆子細長且顆粒大，外觀不甚平整。

水洗式衣索比亞（衣索比亞固有品種）
稱作長豆，豆型長，顆粒大，具有優質的酸味，味道的平衡度佳。

巴西（巴西種）
豆子呈圓形，S型中央線是其特徵，具風味與醇度，容易烘焙。

帝莫與其他商業用的品種相差不遠，但是在海拔一二〇〇公尺以上高地出產的卡帝莫，與波旁、卡杜拉、卡杜艾等相比，就明顯居於劣勢。

●變種哥倫比亞（Variedad Colombia）

卡帝莫與卡杜拉交配生成的高抗病性品種。耐日光直射，且能短期收穫。哥倫比亞於一九八〇年代開始廣泛種植，取代過去的固有品種帝比卡成爲主力品種。一般來說，以帝比卡爲代表的阿拉比卡種咖啡樹必須有遮蔭樹爲它遮陽，但擁有四分之一羅布斯塔種血統的變種哥倫比亞咖啡樹不需要遮蔭樹，且能夠全年生產採收。只是近年可能因爲農藥或化學肥料的影響，造成咖啡豆會發出石炭酸味（Phenol，類似碘味的臭味）。與固有品種帝比卡的不同之處，透過深城市烘焙（Full-city roasting）即可一目了然。一般咖啡經過深度烘焙之後酸味會變弱、苦味會增強，而變種哥倫比亞種咖啡經過第二次爆裂期②後，苦味會急遽增加。

2 品種改良與其問題點

下面列出各咖啡生產國進行品種改良的歷史軌跡與方向。

a 高收成量
b 矮種咖啡樹（樹高過高收成困難）
c 高抗病性（特別追求耐葉鏽病的品種）
d 短期收穫（以往的品種最快也要三年才能收成，另外也有一到二年即可收成的品種）
e 同時結果（收成期短，有效率）
f 環境適應力高（特別耐霜害）
g 外觀賣相佳（咖啡豆顆粒大）
h 味道佳

由改良後產生的品種即可窺見，品種改良的歷程之一就是對抗葉鏽病等的病蟲害，其二就是不斷追求高收成量。可惜的是，咖啡的品種改良上總是忽略提昇味道品質這點。

為何咖啡的品種改良總是以混血種（主要是羅布斯塔種的交配種）爲中心呢？其中最大的關鍵在於「咖啡生產國等於外債國」這個根深柢固的「南北問題」上。也就是北半球皆爲已開發國家，相對於此南半球的國家大多屬於開發中國家，它們由十七世紀開始便靠咖啡賺取外匯，因此必須確保每年收成量的安定，避免無錢還債。也由於這項原因，這些國家不斷增加咖啡產量換取現金，有時造成生產過剩，使咖啡市價貶值的惡性循環。

不論如何，最重要的是確保每年收成量一定，降低風險，提昇混血種的種植量，讓經濟力提昇。

①此編號是指篩網的網孔直徑爲19／64吋。
②請見第三章關於咖啡豆烘焙的介紹。

哥倫比亞（帝比卡種）
曾經風靡一時的帝比卡優質咖啡。

尼加拉瓜（馬拉戈吉佩種）
外型佳，因而與圓豆（Pea Berry）一樣受到重視。

●關於咖啡的品種（1）

咖啡的品種對味道的影響不似葡萄酒那麼大。葡萄酒的話，只要喝一口卡本內・蘇維濃（Cabernet Sauvignon）或夏多內白葡萄酒（Chardonnay）等傳統品種，就能分辨出其差異；但咖啡的話，不管是喝下帝比卡（Typica）或者是卡杜拉（Caturra），都無法從味道分辨出何為帝比卡、何為卡杜拉。（23頁續）

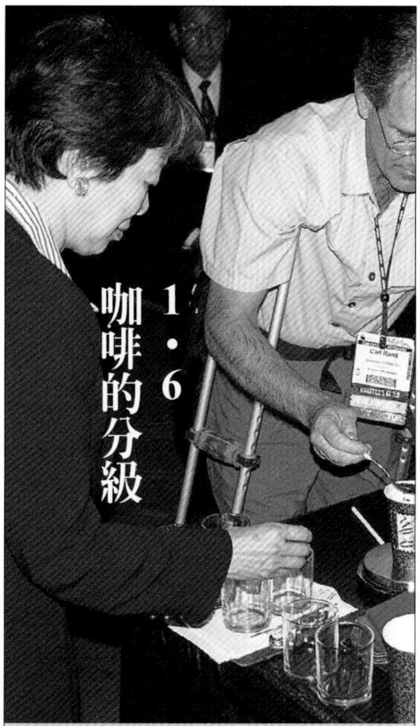

1・6 咖啡的分級

咖啡生產國皆有各自對於咖啡的分級方式與評價基準，以作為國際買賣指標。近年來，咖啡消費國開始要求導入新的評價標準。

■咖啡的品質評價

咖啡店的店主A說：

「我們店裡用的咖啡豆是巴西聖多斯No.2。你們店裡呢？」

被這麼一問，店主B也不甘示弱地說：

「我們店裡當然用與藍山No.1同等級的巴西No.1嘍！」

巴西採用的評價方式為「扣分法」，依每三百公克生豆中有多少瑕疵豆分列等級，等級共有No.2到No.8七個層級，扣分在4以下則歸為No.2（順帶一提，No.8則為扣分360）。連一顆瑕疵豆都沒有的情況當然可稱得上是No.1，但是這種生產情況少，無法維持一定的供應量，故巴西將No.2設為最高級，而非No.1。

意即牙買加的最高等級是藍山No.1，但巴西的最高等級是No.2。店主B正是落入此一陷阱而丟臉丟大了。

各咖啡生產國為了替自己收成的咖啡分級，而有各自的分級方式與品質評價標準（當然也有像出產名品咖啡「摩卡・瑪塔利」的葉門一樣，沒有統一輸出規格的國家）。倘若全世界咖啡生產國有共通的世界評價標準，對於買方來說會方便的多；可惜的是，現在的分級標準仍是以各生產國的國情為準。

雖說如此，但我們仍舊可以依以下三點大致區分。

1 根據產地的海拔高度分級
2 根據篩網（生豆的尺寸）分級
3 依篩網及瑕疵豆比例分級

1 由產地高度評價品質

前面已經提過，高地產咖啡的品質優於低地產，因而在此將產地高度也列入品質評價的標準之一。海拔愈高，相對的氣溫愈低，咖啡的果實能夠花時間慢慢成熟；完全成熟的豆子膨脹性佳，烘焙容易。舉例來說，中美洲的咖啡生產國幾乎只以產地高度來評價咖啡豆的品質。

譬如瓜地馬拉的咖啡（參照表6—B）。該國品質最高級的咖啡稱為SHB，為Strictly Hard Bean的字首縮寫，種植在海拔四五〇〇英呎（一三五〇公尺）以上的地方。墨西哥亦然，最高品質的SHG（Strictly High Grown）種植在一七〇〇公尺以上的高地。薩爾瓦多與宏都拉斯的SHG也種植在一二〇〇公尺以上的高地。

咖啡栽種地若都像巴西屬平坦高原地帶，就可以大規模採行機械化；但中美各國的咖啡主要栽培地帶皆是山岳的斜坡處；我也曾經數度前往參觀，種植在那樣的地方實在很難使用機械化耕作。據說牙買加的藍山地區甚至有坡度傾斜超過四十度的險坡。

種植在那種地方，只能用手摘法將一顆顆成熟變紅的果實小心翼翼採下，雖然成本較高，但卻能夠生產出雜質與瑕疵豆少的高品質咖啡豆。

表6－A　牙買加咖啡豆的品質與分級

等級	海拔高度	篩網	瑕疵豆比例（300g中）
藍山No1 Blue Mountain No1	1000~1200m	S-17/18	最多2％
藍山No2 Blue Mountain No2		S-16/17	最多2％
藍山No3 Blue Mountain No3		S-15/16	最多2％
Blue Mountain Triage		S-15/18	最多4％
圓豆 Blue Mountain P.B		S-10MS	最多2％
高山 High Mountain		S-17/18	最多2％
牙買加優質 Jamaica Prime		S-16/18	最多2％
牙買加精選 Jamaica Select		S-15/18	最多4％

2 以篩網評價品質

採用篩網評價品質的國家有肯亞、坦尚尼亞、哥倫比亞等哥倫比亞清新明亮型咖啡（在紐約期貨交易所根據產地來源買賣的咖啡種類之一）的生產國。所謂根據篩網判斷品質，也就是根據生豆尺寸大小評價品質的意思。各種類的生豆，透過打了洞的鐵盤型篩網決定豆子的大小。

篩網洞孔的大小單位是1／64英吋（1英吋等於25．4公厘），故17號篩網是指17／64，也就是生豆能夠通過洞孔大小6．75公厘的篩網之意。大於這個尺寸的豆子則通不過篩網，小於者能夠通過，因此篩網的數字愈大，代表豆子的顆粒愈大。

坦尚尼亞最高級的咖啡豆是稱爲AA的大顆粒豆子，需用到18（7．14公厘）以上的篩網；肯亞的AA也是要用到洞孔7．2公厘以上篩網的大顆粒豆子。哥倫比亞有特選級（Supremo）與上選級（Excelso）兩種等級，特選級需用17號以上的篩網，上選級則適用篩網14／16（指16號篩網的豆子中，混有11％的14號篩網豆子）。

普遍說來，這些咖啡生產國所訂立的分級標準皆不外乎是對咖啡豆外觀的要求，而內在味道方面的問題則甚少有人提到。沒有一個國家敢正面承認自己的分級方式錯誤、咖啡豆的顆粒大小與味道優劣無關。

那些分級方式終究只是分級方式，這些方式都沒有對咖啡豆個別進行具體的檢驗。我曾經多次烘焙相同種類、不同大小的咖啡豆來試味道，進而清楚它們在味道上表現的差異。成長順利的大顆粒豆子味道比小顆粒豆子更爲豐富多變。篩網的尺寸大小不同確實會產生味道上的不同。

3 依篩網及瑕疵豆比例評價品質

再來是咖啡大國的巴西。我在一開頭的地方介紹過，它是

●關於咖啡的品種（2）

咖啡的品種、栽培方式、精製方式等要素相當重要，但並非用傳統品種帝比卡煮出來的咖啡就好喝；若沒有正確的烘焙與萃取，不論任何品種的咖啡煮出來都不可能好喝。

咖啡品種方面的情報是最近才開始廣泛被討論的。過去，說到哥倫比亞只知道特選級（Supremo）與上選級（Excelso）等分級，其前身的咖啡品種就不清楚了。有些人視羅布斯塔種的交配種為劣等咖啡，事實上沒那個必要。貧窮的生產國有它們的國情，富裕的消費國應視其狀況伸出援手。如果只將重點擺在咖啡的品種上，將會陷入血統主義的危機中。

採用「瑕疵豆比例（扣分法）」、「篩網」，以及「味覺測試」三種分級方式複合，衍生出這裡舉出的第三種評價方式。譬如在買巴西咖啡豆時會看到「巴西聖多斯No.2、19號篩網、極溫和（Strictly Soft）」的標示，它的說明如下：

●巴西——生產國名

●聖多斯（Santos）——輸出港口

●No.2——表示瑕疵豆混入數量的分級方式，No.2爲最高等級，而No.8則爲輸出販售規格的最低下限。

●19號篩網——表示豆子的尺寸大小，巴西以12～20表示，號碼愈大顆粒愈大。19表通過7.54公厘洞孔篩網的豆子。但是此分級法僅限用於平豆，圓豆須使用特殊的橢圓型孔篩網（8～13）分級。

●極溫和（Strictly Soft）——表杯測（Cup Testing）的分級，極溫和表示最高級品。

我在後面的章節會詳細說明杯測（Cup Testing）的重要，這裡簡單介紹巴西式的杯測分級法。

1 Strictly Soft（極溫和）

2 Soft（溫和）

3 Softish（稍溫和）

4 Hard（艱澀）

5 Bergaliard

6 Rioy（碘味）

這裡的等級1到3統稱爲「溫和」（Soft），甜味、苦味與酸味均衡，是口感相當溫醇的良質咖啡。相反的，等級5和6是帶有碘臭味的劣級品。巴西里約熱內盧一帶土壤有強烈的碘味，採收時咖啡果實落在這些土上，就沾附上獨特的味道。

巴西這種三段式分級法在其他國家皆不曾出現，原因是沒有必要。換句話說，就算不用「杯測」也能知道這些咖啡具有一定品質。巴西之所以採用這種「杯測分級法」是因爲產地過大、產豆過多，爲了調製出口專用的咖啡口味，常會將這些咖啡豆混合使用，而因此出現品質不一的情況，所以需用「杯測」分級。

我插個題外話。巴西的咖啡鑑定師必須遵守嚴格的要求；爲了讓鑑定咖啡時味覺與嗅覺充分運作，這些鑑定師除了不能有蛀牙外，還不能吃韭菜、洋蔥、蒜頭等會讓舌頭麻痺的食物，菸酒、濃味香水等當然也被禁止。禪寺門前常立有「葷酒禁入本山門」的石柱。這裡的「葷酒」是指韭菜、青蔥等味道強烈的青菜以及酒。巴西的咖啡鑑定師宛若禪僧般，必須以素淨的食物過活。

表6-B
瓜地馬拉咖啡豆的品質與分級

等級	名稱	縮寫	標高（英呎）
1	Strictly Hard Bean（極硬豆）	SHB	4500~
2	Hard Bean（硬豆）	HB	4000~4500
3	Semi Hard Bean（稍硬豆）	SH	3500~4000
4	Extra Prime Washed（特優質水洗豆）	EPW	3000~3500
5	Prime Washed（優質水洗豆）	PW	2500~3000
6	Extra Good Washed（特良質水洗豆）	EGW	2000~2500
7	Good Washed（良質水洗豆）	GW	~2000

表6-C
哥倫比亞咖啡豆的品質與分級

輸出等級依豆子尺寸區分，
分為特選級（Supremo）與上選級（Excelso）。
特選級（Supremo）
80%的豆子能夠通過17以上的篩網
上選級（Excelso）
80%的豆子能夠通過14/16以上的篩網

表6-D
坦尚尼亞咖啡豆的品質與分級
（阿拉比卡種）

AA:篩網6.75mm以上
A:篩網6.25~6.50mm以上
B:篩網6.15~6.50mm以上
AF:AA及A級豆中的輕量豆
C:篩網5.90~6.15mm
TT:B級豆中的輕量豆
F:AF與TT級中的輕量豆
E: 象豆
PB:圓豆（Pea-Berry）

除了前面提到的三種分級法外，也有些地區像牙買加一樣，採用栽培地名分類。各生產國的分級方式各式各樣，要全部記住需要一點技巧，但熟悉之後也就沒什麼大不了的了。以上我冗長地介紹了咖啡的分級方式，總歸一句話「沒有瑕疵豆的高地產大顆粒咖啡豆就是好豆」。

精品咖啡的概念

■新味覺的評價

前面提的分級方式，皆是咖啡生產國本身採用的品質規格，這些規格同時也是咖啡消費國用來評價咖啡的基準，不論是Supremo（特選級）、AA或是SHB，皆是足以用來判斷咖啡品質的指標。

但是這些生產國的品質規格只能看出有無瑕疵豆、咖啡豆外觀如何，卻無法了解「咖啡的風味如何」、「有著清爽的酸味和醇厚度」等這些咖啡的味道特徵。以味覺來評價這點，因爲各民族的飲食文化以及個人喜好的差異（譬如說，巴西咖啡的碘臭味在日本與歐洲不受歡迎，但在中東以及土耳其的部分地區，卻將之是爲傳統的一部份而特爲珍視），因而被排除在評價標準之外。

「沒有瑕疵豆的高地產大顆粒咖啡豆就是好豆！但事實上這樣的咖啡味道究竟是好還是壞，這就是個人主觀的問題了。咖啡飲用的品質（香味的品質）這端賴飲用者的判斷，味道的品質好壞並不是出口國的我們可以知道的。」

簡單的說，這是藉口。

這種藉口是國際咖啡交易市場上的默契，長久以來，這種買賣習慣已被固定。大約從三十年前開始，美國喊出：「光靠咖啡生產國的分級規格，無法正確評價咖啡的味道！」便開始著手找尋以味道爲評價標準的新分級法。這就是「精品咖啡」（Specialty Coffee）的概念。

「精品咖啡」（Specialty Coffee）這個名詞出現在一九七八年，努森咖啡公司（Knutsen Coffee Ltd.）的努森女士在國際咖啡會議上使用而開始流傳。「精品咖啡」（Specialty Coffee）的定義是「Special geographic microclimates produce beans with unique flavor profiles」（特別氣候與地理條件下培育出獨特香味的咖啡豆），相當單純明快。這裡出現的「Microclimates」是葡萄酒界常出現的用語，指氣候條件微妙不同之意。葡萄樹即使種植在同一地區，旁邊是田地？森林？丘陵？池塘還是小河川？這些條件的不同都會引起氣候的微妙變化。這種微妙的氣候環境差異，稱爲「Microclimates」。

最頂級的紅酒是法國布根地產的（Bourgogne）「侯馬內・

表6-E　巴西咖啡豆的品質與分級

混入物	有X個	扣分
石頭、木片、土（大）	1個	5分
石頭、木片、土（大）	1個	2分
石頭、木片、土（大）	1個	1分
黑豆	1個	1分
帶殼豆	2個	1分
咖啡皮（大）	1個	1分
咖啡皮（小）	2~3個	1分
乾果	1個	1分
發酵豆	2個	1分
蟲蛀豆	2~5個	1分
未熟豆	5個	1分
貝殼豆	3個	1分
破裂豆、瑕疵豆	5個	1分
泡脹豆、發育不良豆	5個	1分

※巴西以上列的表格為基礎，換算300g咖啡豆中混入的瑕疵豆以及雜質的扣分，再視扣分將豆子分成No.2~No.8的等級。

康地」（Romanee-Conti），它的葡萄園位在面南的傾斜地一角，旁邊就是著名的麗須布爾（Richbourg）紅酒葡萄園。兩者之間沒有明顯的分界，只有一條一個人可以通過的小路直直穿過，但小路兩邊的葡萄酒價差卻在五倍以上。光是一條小小田埂的兩邊就有等級上的不同。包含微妙氣候差異、複雜的地殼構造與土壤（特定地區的特性，亦稱Terroir）皆可使兩者產生截然不同的價值。

將葡萄酒世界的「Microclimates」想法用在咖啡上，這種思考方式沒有成為主流，沒有在最大的咖啡消費國，應該說是最大的低品質咖啡進口國美國產生效應。出口至美國的咖啡，主要是巴西的No.4～5，以及在墨西哥與哥倫比亞被視為「擱置品」的劣級品，再加上象牙海岸的羅布斯塔等。甚至有傳言說部分咖啡中混有麵粉。由此應該不難想像美國咖啡的水準如何了。

八○年代美國的咖啡消費急速衰退也是可想而知的結果；難喝再加上不健康，消費者開始紛紛投靠紅茶或者健怡可樂。咖啡業者在此時懸崖勒馬，引進歐洲風的深度烘焙咖啡「Espresso」，其中又以星巴克咖啡（Starbucks coffee）最具代表性，追求美味咖啡正是其目標。口味平淡又難喝的美式咖啡頓時被驅逐。

堅持只使用優質咖啡豆的星巴克咖啡，同時也成為精品咖啡的指標。以Espresso為代表的深度烘焙在美國市場成長至一百億美金。原為劣質咖啡最大消費市場的美國，僅短短十年間就成為高品質咖啡最大的贊助廠商。

只要生產美味的咖啡，咖啡消費國就願意花高價購買；只要提供美味的咖啡，消費者就不會離棄咖啡，市場也就得以成長。「以精品咖啡為代表的高品質咖啡是筆大生意」，咖啡生產國與消費國皆重新發現這個極單純的事實。

■咖啡分級的變化

追求高品質咖啡的浪潮會如此澎湃洶湧，背景因素在於，咖啡生產國為了提昇產量而進行品種改良，卻忽略了味覺方面的提昇。

全世界的咖啡生產國都在追求抗病蟲害、高收成的品種同時，帝比卡、波旁等固有品種逐漸被打入冷宮。雖然在咖啡生產國的評價標準上與舊有品種同屬最高級的SHG，但事實上內容物卻是羅布斯塔的交配混血種。外表顆粒大、表面有光澤的咖啡豆，實際烘焙喝下後會有「虛有其表」的感覺。這樣的咖啡愈來愈多，也因而咖啡生產國紛紛開始重新看待固有品種咖啡，興起希望恢復帝比卡、波旁等咖啡的復古主義。

精品咖啡還沒有嚴格的定義，原因在於定義單位是各國的精品咖啡協會，而每年的定義內容都在改變、進化。一九八二

●SCAA的大會見聞記（1）

二○○三年波士頓舉辦的SCAA大會講座。

我出席二○○三年四月在美國東岸的波士頓舉辦SCAA大會；此大會是全球最大的咖啡展示會，今年第十五次舉辦。展示攤位共有四十多國參與，共計八百種咖啡參展。與會者除了咖啡生產國，還有咖啡產業相關的所有公司齊聚一堂，各廠商在現場不斷推銷介紹自家產品。其中日本UCC咖啡亦有參與展示，該公司使用鹵素加熱管的塞風壺引起在場注目。

我參加了基礎烘焙與杯測的講座，讓我開始重新思考「何謂基礎？」「何謂標準？」

一堂講座為三個小時，我參加的講座共計五、六十人參加。只要繳交入場費（日幣四五○○圓）外國人也能參加，這點果然很有美國人開放的作風。講師以相當積極的口吻說：「這杯咖啡這麼做的話就會變得更有價值，而且……」一貫簡單易懂的教學方式，令人印象深刻。

年成立的美國精品咖啡協會（SCAA）將目前通行的基準大略列舉如下：

1 是否具有豐富的「Fragrance」。所謂「Fragrance」（乾香氣）是指咖啡烘焙後的香味，或是研磨後的香味。

2 是否具有豐富的「Aroma」。「Aroma」（濕香氣）是指咖啡萃取液的香味。

3 是否具有豐富的「Acidity」。「Acidity」是指咖啡的酸味；豐富的酸味與糖分結合能夠增加咖啡液的甘甜味。

4 是否具有豐富的「Body」。「Body」是指咖啡的醇厚度，也就是咖啡液的濃度與重量感。

5 是否具有豐富的「Aftertaste」。「Aftertaste」是咖啡的後味，根據喝下或者吐出後的風味如何做評價。

6 是否具有豐富的「Flavor」。「Flavor」指的是滋味；以上顯同時享受咖啡液的香氣與味道，便可知道咖啡的滋味。

7 味道是否平衡。

以上爲SCAA的評價標準，也就是咖啡消費者的評價標準。另一方面，咖啡生產國對於精品咖啡的評價標準如下：

1 咖啡的品種為何？阿拉比卡的固有種帝比卡，或是波旁種最佳。

2 在何種地方栽培？栽培地或是農莊的海拔高度、地形、氣候、土壤、精製法等是否明確？

3 是否採行高水準的收成法與精製法？成熟豆子的比例是否較高？瑕疵豆混入的比例是否最少？

以上是對咖啡消費國以及生產國的評價概觀，由此可看到評價的對象已經跨入過去未曾注意的「是否美味」、「香味的印象與獨特感」等領域，而這些要如何在量或質上作評價？這些評價基準與過去迥異，傳統的評價標準主要觀察咖啡豆外觀有否缺陷，完全沒有涉足味覺方面。新的評價基準讓我們深刻了解「要製作精品咖啡，非經過『杯測』（Cupping，咖啡的味覺評價）步驟不可」。咖啡的味覺評價漸漸走向葡萄酒的感官評價方式。

■何謂「Cup of Excellence」

「栽培優質的精品咖啡，不等於會在景氣低迷的咖啡市場中賣出好價錢！」倘若如此，咖啡生產國的生產慾望必然煙消雲散。能讓生產者有動力種植高品質咖啡的理由，不是「我要種出美味的咖啡！」這種自覺，而是必須能有高獲利。

因而在此出現精品咖啡品評會，採用「Cup of Excellence」制度（以下簡稱COE），根據分數評價排名。此會每年開會一次，精品咖啡的栽培業者可將最自豪的咖啡豆交由此會的國內或者國際審查員審查；經過三階段嚴格的審核，被認爲最高級

●SCAA大會的見聞記（2）

SCAA大會在這十五年間，毫不吝惜的將可算得上咖啡基礎的知識與技巧方法與大衆公開分享，這點至今仍令我相當感佩。反觀日本的咖啡業界，對於這些基礎道地的教育訓練與練習都相當怠惰。從前美國與咖啡的關係，只是消耗量龐大罷了，對於咖啡的品質一點也不要求，可謂「後知後覺」；二十年間這個「後知後覺」的美國已大大轉變，稍一回神，日本已經落後美國，甚至可稱得上「不知不覺」了。

參加講座的大多是年輕人，我是參加者中最年長的一位，但我這個從日本來的咖啡老手杯測與烘焙技術卻不容他們小覷。我這麼說並非有偏袒之心，但日本自家烘焙店（技術面與知識面）的水準並不輸世界的水平，我對這點有自信。

會場中舉辦的世界烘焙師大賽如大衆所預測的，澳洲選手保羅・巴賽德由二十四人中脫穎而出獲得冠軍。

的咖啡豆將被贈與COE的稱號。此評價制度由一九九九年巴西的咖啡生產團體開始採用，現在瓜地馬拉、巴拿馬、哥斯大黎加及尼加拉瓜等地方亦廣泛採用，有普遍化的傾向。

冠上COE稱號的咖啡，可以在精品咖啡爲主的國際網路拍賣上高價交易。這個制度不單提昇咖啡莊園的生產慾望，亦能提昇咖啡莊園及其附近區域的評價與知名度，進而增加咖啡交易量，具有多重效果。其實，在葡萄酒界亦有類似的制度。

■對精品咖啡的考察

巴哈咖啡館對於精品咖啡亦是相當關注。所謂「最棒的咖啡」究竟爲何？就是「specialty」（具有獨特性）的意思嗎？爲了確認這點，我首先試買了二十四袋二〇〇一年度瓜地馬拉COE排名第四的「薇薇特南果」（Huehuetenango）。價格比平常買的瓜地馬拉SHG貴上一倍，但只要一試喝，就能明白它是超越想像的美味咖啡豆。

精品咖啡最棒的地方在於，首先幾乎沒有瑕疵豆；豆質肥厚且大小平均，酸味豐富，具醇厚度與香味。若市場上流通的咖啡豆都是這個樣子，那大家就不用花費那麼多心思分級了！我這麼說也不怕大家誤會，巴哈咖啡館這數十年一路走來所採購的普通咖啡（亦即在一般市場上流通的咖啡，也就是Commodity coffee（商業咖啡））都是爲了練習製作「精品咖啡」。透過徹底的手選挑除瑕疵豆與雜質，均一豆子大小，至少巴哈咖啡館所使用的生豆，在外表上與精品咖啡無異。

精品咖啡對於品種也有特別的堅持；譬如固有品種的帝比卡、波旁、卡杜拉；與其他品種的交配種，只要血統明確都可以。試著烘焙固有品種的帝比卡，透熱性佳，膨脹性高且易於烘焙；由於帝比卡的成熟度高收成量少，故溶解比例也高。在淺度烘焙咖啡評價較高的時代裡，易於烘焙的固有品種或許有價值，但是今日深度烘焙席捲咖啡界且烘焙技術已提昇，沒必要特別強調帝比卡與波旁。

當食品安全與生態學成爲關鍵問題，「生產追蹤管理系統」（Traceability）①一詞成爲日常生活隨處可聞的字眼時，民眾必然開始追求「血統明確的咖啡」。意即品種明確，生產地區、莊園、生產者明確，咖啡的種植方式明確，所有資訊均公諸於世。相反的，那些出身血統不明的咖啡，會被認爲不值一提。

精品咖啡的品質確實很高。但不論如何高品質的咖啡豆，沒有正確的烘焙與萃取方法，咖啡也不會好喝。不論材料本身品質如何優良，廚師的技巧不佳，菜刀的切法很糟，作出來的料理也不可能美味。並非有好材料就能成事。

精品咖啡相當普及。與平常喝的商業咖啡相比，精品咖啡多了繁複的栽培與精製手續。以葡萄酒來比喻，商業咖啡就是一般喝的日常餐酒，而精品咖啡就是AOC葡萄酒（法定產區葡萄酒）。

我所擔心的是，「非精品咖啡就不算是咖啡」這種極端想法的橫行。這是一種產地至上主義、品種至上主義。每天都喝高級葡萄酒，就會失去偶爾享用的樂趣。比起這些，我更希望不論何種咖啡都能去除瑕疵豆，均一豆子大小。生豆若是大小一致，就不會產生烘焙不均的問題，而能夠提昇咖啡的純度與美味。「出身血統明確的咖啡」雖然很好，但更須優先提高咖啡整體的精製度。

過分依賴特定的精品咖啡，若是遇上缺貨就會產生大問題。最近就因爲美國知名的咖啡製造商大量買進的關係，造成二〇〇三年度的SCAA瓜地馬拉拍賣中止。

巴哈咖啡館今後將以平常飲用的咖啡，也就是商業咖啡爲中心，調配出自豪的咖啡食譜挑戰精品咖啡。

①「生產追蹤管理系統（Traceability）」：意即在食品上列明從生產、處理、加工、流通、販賣等各階段的資訊，便於日後追蹤的系統。

表7
分級咖啡的生產比例

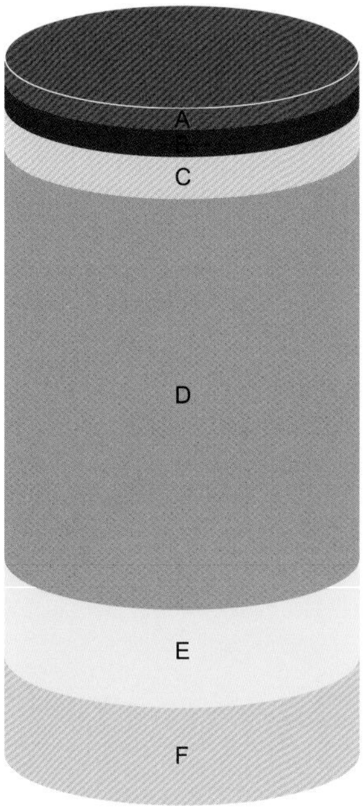

A Cup of Excellence
B Specialty Coffee
C Premium Coffee
D Commodity Coffee（一般流通品）
E 規格外的Discount Coffee
F 生產國國內消費專用

二〇〇一年獲得巴西COE（Coffee of Excellence）第一名的咖啡豆，日本UCC上島咖啡以每磅十一美元（當時國際市場價格約為每磅八十美分）的價格競標得手的半水洗咖啡豆（Semi-washed）。

1・7 咖啡生豆的挑選與手選技巧

咖啡生豆中常混入雜質與瑕疵豆，若未經處理就烘焙飲用，咖啡的味道一定會被破壞，去除這些雜質與瑕疵豆後再行烘焙，咖啡會加倍美味。

■統一咖啡豆的形狀與大小

「小黃瓜的味道不會因爲大小不一而不同」這點我贊成，但是在咖啡豆的烘焙上來說，「反正都要加熱，咖啡豆大小不同也沒關係」我就不能苟同了。或許在同一片田地上採收的小黃瓜，不論直的或彎曲的在味道上並沒有不同，但是咖啡豆可就不同了！同一棵樹上採收下來的咖啡豆，不論顆粒大小、成熟或未熟豆如果全都放進同一個鍋子裡烘焙，會產生烘焙不均的成品。

豆質厚實的豆子與豆質薄的豆子一起烘焙，豆質厚的豆子透熱性差，中心（豆子中水分未被去除的部分）會發生烘焙不到的「有芯」狀態。煮義大利麵時，爲了要有適度的口感會煮到「有芯」；但「有芯」狀態只被允許存在於義大利麵的世界，咖啡的世界是行不通的。

「有芯」的咖啡外觀上看不出來，只能看到烘焙豆漂亮的表面，但剖開來看便一清二楚。豆子中間分成有烘到的部分與沒烘到的部分。有芯的咖啡豆萃取出的咖啡液會有嗆喉的重味道。

言歸正傳。總之採購咖啡生豆時，形狀、厚度、尺寸、色澤、中央線的伸展樣子等等全都平均的豆子最佳。簡而言之，狀態平均的豆子就是好豆子。可惜這樣的豆子極爲少見。

果肉厚實的豆子（右）與果肉薄的豆子

含水多的豆子（右）與含水少的豆子

常有人問我：「大顆粒豆與小顆粒豆，何種味道較佳？」我回答：「生產地根據尺寸大小，對大顆粒的咖啡豆評價較高。」也有說法認爲篩網尺寸（咖啡豆大小）的分級法與味道並無關係。現在屬咖啡先進國的北歐諸國皆是採購巴西等地最高級的咖啡豆，主要購買篩網尺寸13～16的小顆粒豆子。他們避免購買高價的大顆粒豆而改買廉價的小顆粒豆，或許是因爲他們重質甚於重名。

圖中全為瑕疵豆。喝下以這些瑕疵豆萃取出的咖啡，就可知道瑕疵豆對於咖啡味道會有多大的影響。

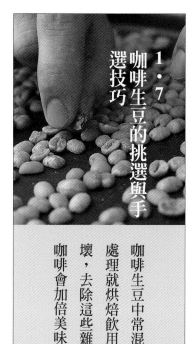

但嚴格說來，大顆粒咖啡豆擁有較佳的風味。實際將同一個咖啡樹採收的大小豆子烘焙萃取，杯測後果然可以明顯比較出味道的不同。顆粒大且順利生長的豆子果然味道較佳。

提到大顆粒的咖啡豆，常會有像馬拉戈吉佩（19號篩網以上的大顆粒豆子，也稱爲「象豆」）一樣大於一般豆子兩倍的優質豆混在其中，這會造成烘焙不均，故建議事先以手選挑出；不過這不是爲了要挑除瑕疵豆，而是要將大顆粒的豆子集合在一起另外烘焙。

在烘焙上來說，與其重視豆子大小與味道優劣的關係，豆子尺寸是否一致更爲重要。不同大小的豆子須各自分開，切勿混在一起烘焙。否則必然招致烘焙不均的結果。

同樣的，豆子的顏色也要一致爲佳。生豆的顏色有青色、褐色等等各式各樣的顏色，豆子的顏色表示含水量，故豆子顏色一致也較容易烘焙。一般來說，偏青色、綠色表示水分多，偏褐色近乎白色代表水分少。

再來是豆子的形狀，要選肉質厚者爲佳。即使豆子的顆粒大，肉質薄者味道也傾向單薄。味道豐富且富深度的，一般來說只有高地生產的肉質肥厚咖啡豆。肯亞、哥倫比亞、坦尚尼亞等阿拉比卡種水洗式咖啡豆是被紐約市場歸類爲「哥倫比亞清新明亮型咖啡」的上等品種；肉質肥厚且含水率高，故烘焙時中心不易傳熱，但透過適度的烘焙，可以引出其豐富多變的風味。

最後要提的是中央線（在咖啡豆中央縱向的細溝）。中央線清楚且明確的豆子爲優質品。另外，覆蓋在其表面的銀皮如字面所示爲銀色者佳。銀皮呈現茶褐色者，除了具有良好管理的自然乾燥法豆子外，大多是不良品。

■何謂手選

「手選」是將附著在美味咖啡豆中的雜質與不良豆子去除的步驟。咖啡豆中常會混入異物，例如石頭、木屑、金屬片、土粒、樹的果實等，有時還有硬幣和玻璃片。

依地方不同，大部分的手工蕎麥麵店都會將「自家製粉」四字標示在招牌上。和咖啡豆一樣，蕎麥中也會摻雜小石頭、沙粒、塵埃等雜質，因此將蕎麥放入石磨前，必須先去除雜質與石頭。使用專門機器仍然無法完全將雜質清除乾淨，最後必須仰賴雙手進行挑選，也就是手選的步驟。

不論是咖啡或是蕎麥，若沒有將小石頭或玻璃碎片等雜質去除乾淨，都會傷害烘焙機或是石磨，更甚而會受到抱怨，或者讓客人吃到摻有沙子的蕎麥麵。當然在咖啡生產地皆會使用比重選豆機（利用風力依顆粒大小與重量分類）或是電子選豆機（依顏色挑除瑕疵豆）防止雜質與瑕疵豆混入，但是防不勝防也是理所當然，還是必須靠人的雙手挑選。

●關於手選

我曾多次在雜誌、演講、講座等的場合強調「盡可能將瑕疵豆與雜質手選挑除」的重要性，因而也常聽到「這傢伙一定是買了便宜的咖啡豆才會這麼說！一開始就應該買沒有瑕疵豆的高級品！」等中傷言論。

這只是無意脫口的發言，但證明了世界上有這樣的人存在，更讓我重新感覺傳達手選重要性的困難。我不斷強調「手選」的重要性。巴哈咖啡館每月須消耗二公噸的咖啡豆，但客人飲用的一杯咖啡只需要十公克的咖啡豆。二公噸的咖啡豆中摻有數公克的瑕疵豆，對味道不會有太大的影響，但十公克的咖啡豆中有一顆瑕疵豆影響可就大了。特別是像發酵豆這類的瑕疵豆，只要有一顆存在，就足以毀了五十公克的咖啡豆。

如果我的店裡所用的咖啡豆是劣級品，那麼在二〇〇〇年沖繩高峰會的晚宴上，使各國領袖贊不絕口的咖啡（巴哈綜合咖啡）就是劣級品了。我還沒有那麼大膽哩！

篩選前的生豆

特別是未熟豆很難透過機器挑選去除，必須用手選才行。而且這些未熟豆對於咖啡的味道會產生極不良的影響。瑕疵豆除了未熟豆外，還有死豆、蟲蛀豆、黑豆、發霉豆、貝殼豆、發酵豆、破裂豆、帶殼豆、可可①等。

手選在生豆階段進行一次，烘焙過後再一次，意即烘焙前後各進行一次。瑕疵豆的比例令人意外的高，優良的咖啡豆一般約含有二十%左右，精製度低的摩卡等更是高過四十%。也就是說烘焙過後大約只剩下六、七成的咖啡豆可以使用，意即一百公克的生豆中會有三、四十公克的失敗品，這相當浪費。要減少烘焙失敗率，必須盡量購買高精製度的優質咖啡豆；若仍舊害怕烘焙失敗，挑除瑕疵豆的步驟就不能偷懶。瑕疵豆是咖啡味道的致命傷。

以手摘法採收成熟變紅的咖啡果實，照理說瑕疵豆混入的比率應該會低很多，然而實際上收成時會連同青色未成熟的果實也摘下來，更甚而爲了追求採收效率，連樹枝也一起折下。相反的水洗式咖啡因爲精製過程須經過多次水洗，故較難混入石子、玻璃片等雜質，但若是非水洗式的自然乾燥法咖啡，雜質混入的程度相當高。

烘焙咖啡時混入過多瑕疵豆，咖啡成品會出現顏色斑駁的情況。與正常的豆子相比，瑕疵豆氧化的速度異常快速，有時烘焙過後會呈現白色。在超市或咖啡店等店面常會販售便宜的咖啡豆，將那些包裝打開一看，大多可以發現其中混入了相當多烘焙不均的豆子，這都是因爲省略了手選步驟直接烘焙而產生的結果。

要了解手選步驟的重要性，最快的方法就是杯測只用瑕疵豆烘焙萃取的咖啡液。喝下之後你會發現舌頭會持續麻痺數小時。由此可證，手選是製作出美味咖啡不可或缺的重要步驟。大眾往往將「手選」視爲單調、無聊、無意義的行爲而等閒視之，我覺得相當可惜。但我希望大家了解，瑕疵豆所造成的味道破壞是不論如何高明的烘焙技術皆隱藏不住的。爲了讓烘焙順利進行，事前的手選步驟相當重要。

接下來，我具體爲大家介紹幾種瑕疵豆。

不正常的生豆
1　交配異常
2　象豆
3　圓豆
4　未成熟豆
這些豆子最好要挑出來，圓豆和象豆個別烘焙時不會有什麼問題，但一起烘焙時會造成烘焙不均。

■瑕疵豆的種類（參考第35頁圖片）

▲發霉豆

因爲乾燥不完全，或是在運輸、保管過程中過於潮濕，而長出青色、白色的黴菌，有時會使豆子黏在一起，若不去除這些發霉豆，會產生霉臭味。

▲發酵豆

主要分兩大類：一種是在水洗式發酵槽浸漬時間過長，被水洗水污染而形成（A）；另一種是堆放在倉庫的關係，因而細菌附著，豆子表面變得斑駁（B）。發酵豆外表上不易分辨出來，因而手選時必須特別注意。發酵豆如果混入咖啡會產生腐臭味。

▲死豆

非正常結果的豆子。顏色不易因烘焙而改變，故容易分辨出來。風味單薄，與銀皮同樣有害無益，會成爲異味的來源。

▲未成熟豆

在其成熟前就被摘採下的豆子，有腥羶、令人作嘔的味道。將咖啡生豆靜置數年就是爲了對付這些未成熟豆而採取的對策。

▲貝殼豆

乾燥不良或者交配異常而產生；豆子從中央線處破裂，內側像貝殼般翻出。貝殼豆會造成烘焙不均，進行深度烘焙時容易著火。

▲蟲蛀豆

蛾在咖啡果實成熟變紅之際侵入產卵，幼蟲啃食咖啡果實

成長，豆子表面會留下蟲蛀痕跡。蟲蛀豆會造成咖啡液混濁，有時會產生怪味。

▲黑豆

較早成熟掉落地面，長期與地面接觸而發酵變黑的豆子。可輕易透過手選步驟挑除。混入黑豆煮出來的咖啡會產生腐敗味且混濁。

▲可可

自然乾燥法使得果肉殘留、未充分脫殼是它的成因。帶有碘味、土味等味道，會發出類似阿摩尼亞的臭味。「可可」是葡萄牙語「糞」的意思。

▲帶殼豆

內果皮覆蓋在咖啡豆果肉內側，多殘留在水洗式咖啡豆上，烘焙時的透熱性差，有時還會著火燃燒，是造成咖啡澀味的原因。

其他還有破裂豆、紅皮豆（自然乾燥的過程中遇到下雨的豆子，味道平淡單調）、發育不良豆（養分不足而停止成長的小顆粒豆子，味道濃重）等，有時還會混入玉米粒或者胡椒粒等等。

▲石頭

採收的豆子因爲自然乾燥法容易混入石粒或木屑等。

■手選的正確步驟

進行手選步驟前，爲了使豆子大小平均，生豆需先過篩。巴哈咖啡館本身使用三種不同尺寸的特別訂製篩網，也可採用一般園藝店賣的金屬篩網，但尺寸上要注意。過篩的目的是爲了分類豆子尺寸並去除雜質。

接下來是手選步驟。爲了提高手選效率，必須使用一些道具，其中必備的是手選用的托盤。巴哈咖啡館所使用的，是從園藝店買來的盆栽托盤。托盤要準備兩種，一種是生豆專用的無光澤黑色托盤，一種是烘焙豆專用，貼有無光澤褐色棉紙的托盤。遇上有大量豆子要手選的情況，這樣的托盤能讓眼睛不疲倦。

手選順序如下：

1 取適量的生豆放入托盤中。重點是適量，過多過少都不好。將生豆攤放在托盤上，用雙手食指與中指將托盤上的生豆均分為五等份。少部份的進行手選，較不易漏失瑕疵豆，也比較容易集中注意力。

2 將生豆挑選至無瑕疵豆為止。

3 不是只盯著豆子的一面看，而是要拿起來看看其顏色與形狀。不放過任何一顆，目光由右邊向左邊移動。

4 不斷反覆同樣的步驟。

5 得知挑出瑕疵豆的平均值。

瑕疵豆的種類

石頭

帶殼豆

發酵豆 B

發酵豆 A

發霉豆

貝殼豆

未成熟豆

死豆

可可（過乾豆）

黑豆

蟲蛀豆

一個托盤中若挑出五到六顆瑕疵豆，就可以此爲平均值，進行下一個托盤的手選。

＊　＊

瑕疵豆挑選的順序爲「顏色→光澤→形狀」。

1顏色不同的豆子

弄清楚顏色挑選的基準爲何，接著將相同顏色的豆子擺在一起。

2光澤不同的豆子

可以根據光澤爲挑選基準，挑除死豆與未成熟豆。

3形狀不同的豆子

貝殼豆等對味道的影響較輕微，故擺在最後才處理。

手選順序1到3漸漸熟悉之後，就能進行整體判斷。如此一來，手選速度也能提昇，長時間作業下來也不會疲倦。最重要的是兩隻手一起進行。慣用手的挑選速度會比較快，但也容易累而無法支撐長時間的挑選工作，故建議雙手一起挑選。

一開始可以大略挑取，從顏色差異最明顯的黑豆先挑除，接著是將無光澤的死豆、發酵豆與未成熟豆集中挑出，最後再淘汰形狀不同的貝殼豆與蟲蛀豆。

最難判斷的是發酵豆與未熟豆。乍看之下，有的是稍微偏黃，或只有很細微的不同，會讓人難以判斷該不該剔除。然而，只要有猶豫，就該毫不考慮地挑除。總之最重要的就是要

手選法的正確步驟

提昇效率的道具

1 裝取定量咖啡豆的容器
2 計時用的碼錶
3 各式手選法的紀錄卡
4 黑色托盤
5 照亮手附近的聚光燈
6 盛裝挑除瑕疵豆的容器

①首先將豆子平均散置於托盤上仔細觀察。

②將所有豆子集中至托盤中央。巴哈咖啡館稱之為「上下交替」。

③左右搖晃托盤將豆子攤平。

用最完美的手選法，製出作美味的咖啡。

手選步驟結束後，接著再用舌頭作最後確認。順序是試驗烘焙（Test Roast）、杯測（Cup Testing）。同時，將那些被挑除的瑕疵豆，根據不同的類別烘焙、杯測也是一大重點。「只要混入一顆發酵豆，就會毀了五十公克的咖啡」這說法是眞是假，可以透過試喝來確認。

手選的速度要快。若是個人興趣還無所謂，但若是店裡要用的，手選作業會相當耗費人力、時間，也因此很多店都會省略手選或者杯測等步驟。大概的速度是一個小時處理二十公斤爲佳。

①巴西稱過度乾燥的咖啡豆爲「可可」。

烘焙豆的手選法

在托盤上散置適量的烘焙豆

使用兩手手指將豆子分成五區

這些豆子必須挑起來：１焦豆、２象豆、３圓豆、４貝殼豆

⑤手選法必須用兩隻手進行。

④使用雙手的食指與中指，如圖上所示，將豆子均分為五區。這麼做可以維持集中力，減少漏挑的情況。

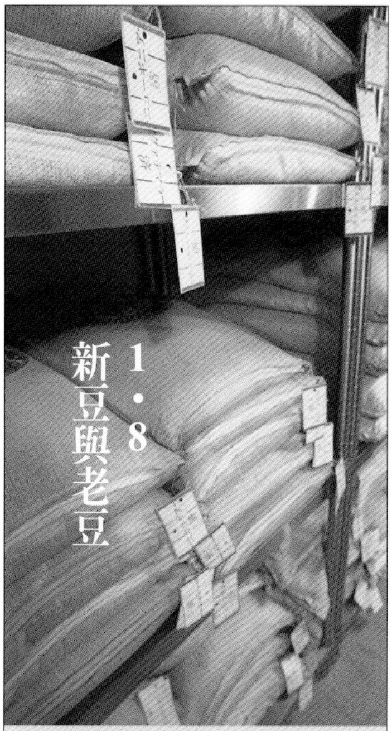

1・8 新豆與老豆

日本慣於將咖啡生豆靜置數年，待乾燥後再烘焙。這種豆子在日本稱作「老豆」（Old Crop）。究竟老豆與新豆（New Crop）之間有何不同？爲何唯獨日本特別偏愛老豆？

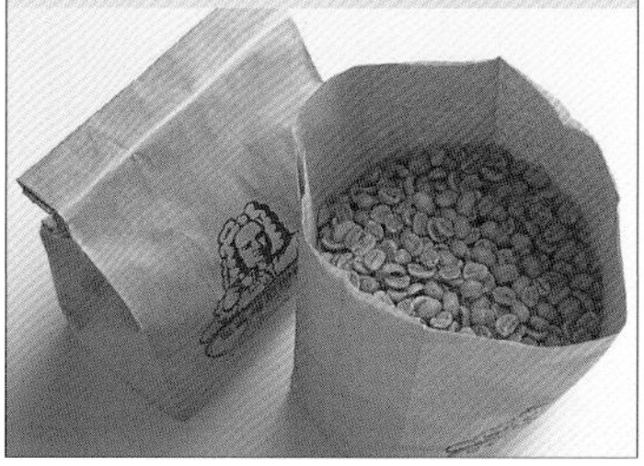

■何謂「老豆」（Old Crop）？何謂「新豆」（New Crop）？

就像米有新米、舊米、老米，咖啡也有新咖啡、舊咖啡、老咖啡。新咖啡被稱爲「新豆」（New Crop），指的是當年度收成的咖啡生豆。前一年生產的咖啡生豆稱爲「舊豆」（Past Crop）。更早幾年收成的生豆稱爲「老豆」（Old Crop）。

日本有些打著老豆名號的店，將咖啡生豆像葡萄酒一樣靜置定溫倉庫數年才拿出來烘焙。事實上在歐美等咖啡先進國認爲，只有當年生產的新豆才是高級品，原因是新豆的味道與香氣皆較優異。

除了一些早熟型的葡萄酒外，一般葡萄酒都須放在瓶中靜待它成熟，在這過程中味道與性質都會改變，特別是成分複雜的優質葡萄酒，這樣的傾向更強烈。就像波爾多的紅葡萄酒，靜置十到二十年就能成爲絕品葡萄酒；靜置五到六年時，它的口味仍太澀，不夠美味。

但是將久置的葡萄酒視爲珍品這股風潮，頂多是這一百年間才流行起來罷了；葡萄酒原本就是趁新鮮飲用，如同新米與新麵，每年人們都在等待新酒出廠的季節到來。

將葡萄酒裝入瓶中，能夠因爲酵母的產生讓酒熟成。脫殼後的咖啡豆不論如何靜置它都不可能熟成，因爲種子裡的胚芽已經摘除的關係，就算種在土裡也不會發芽。通常咖啡生產地會將咖啡豆以帶殼豆狀態保存，脫殼後再出口。以乾燥果實（Dry Cherry）或者帶殼豆狀態保存，可以多少保持咖啡的鮮度。

■新豆與老豆的不同

新豆與老豆在外觀上也大不相同。新豆含水量（12～13%）多，呈現濃綠色，而舊豆（10～11%）與老豆（9～10%）的含水量隨時間流逝，故顏色較淺。用手捧捧看會發現重量與質感較輕，且不會出現像新豆表面

老豆（Old Coffee）（左）與新豆（New Crop）（右）

覆蓋的光澤與觸感。但前面說的是以同樣品種豆子相比較的狀況。根據產地或收成年、精製法的不同，含水量與顏色上也會不同。

比較新豆與老豆的烘焙難度，新豆遠比老豆要難得多了。差別在於含水量。因爲水分愈多，火的傳熱性愈差，有時甚至會出現烘焙不均的狀態。因此水分含量較多的新豆在烘焙初期必須要將水分去除。即使是新豆也會因爲含水量不同造成乾燥不均。去除水分，也就是乾燥咖啡豆，必須手腳並用才行。

另一方面，只要讓老豆充分乾燥，水分含量平均，烘焙時會遇到的難題也就迎刃而解了。老豆生豆的味覺成分（酸味或澀味等）也能透過數年的存放而趨於安定。

老豆在日本特別受歡迎有很多原因，我想應該是爲了讓咖啡豆完全成熟，故將咖啡豆靜置數年。過去我訪問墨西哥與瓜地馬拉國境附近的咖啡莊園時，受到莊園主人的招待，當時我偶然注意到莊園主人一家將自家要使用的咖啡豆堆放在倉庫的一角。

「咖啡生產國的人們未必懂咖啡」這種情況在中南美洲各國相當普遍。咖啡是貴重的高價作物，高級品全部輸出其他國家，自己國內消費的咖啡豆皆是不合出口規格的劣質豆。招待我的莊園主人一家，也是將未成熟的咖啡豆留下來自己使用。

未成熟的咖啡豆烘焙後會因爲太澀而難以入口，因而莊園主人表示必須在倉庫靜置半年到一年。將這些未熟豆靜置一段時間，可以去除刺激喉嚨的澀味，讓咖啡容易入口。又因爲久放的關係水分已被去除，也便於烘焙。由此可見靜置的功用。沒有人會故意將新米放成舊米食用，咖啡當然也是新鮮度愈高對健康較好。

●關於咖啡豆的保存

長久以來一直是我追求目標的德國咖啡，最近有了很大的改變，由原本販賣咖啡豆的模式改為販賣咖啡粉，理由是因為這樣比較方便。咖啡粉若是趁新鮮的時候使用還沒關係，為了方便起見而犧牲咖啡的鮮度與香氣就說不過去了。我對咖啡粉成為咖啡販賣主流這件事相當失望。前面已經提過多次，咖啡粉與咖啡豆品質變差的速度有著天壤之別。

其差別起於表面積的差異。咖啡豆變成粉狀後表面積擴張數百倍，表面積愈大，與空氣接觸的範圍也就愈大，使得氧化的範圍愈大。咖啡豆烘焙過後在常溫下的保存期限是兩個禮拜，要長期保存的話可以放在冰箱冷藏。將咖啡豆分裝成數小袋冷藏，可以保存數個月之久。另外，生豆要放入高密封度的密封罐並裝入厚紙袋中，放置在避免陽光直射且通風良好的地方。若能避開高溫多濕的問題，夏季也能在常溫狀態下保存。

由上而下分別是坦尚尼亞、哥倫比亞、古巴、巴拿馬。
1＝輕度烘焙、2＝肉桂烘焙、3＝中等烘焙、4＝高度烘焙
5＝城市烘焙、6＝深城市烘焙、7＝法式烘焙、8＝義式烘焙。
由左向右烘焙程度愈高。

第2章 系統咖啡學

將咖啡由烘焙到萃取的過程視爲一個系統，藉由這些過程中存在的各種條件創造出各種咖啡。只要學會這套系統，不論是烘焙或者萃取都不是難事。

2・1 何謂系統咖啡學

咖啡深度烘焙則苦，淺度烘焙則酸——由烘焙到萃取的各個步驟中，有著各式各樣的小法則。這些小法則統合而成的大法則，就是系統咖啡學。

■前言

每天不斷地反覆烘焙、研磨、萃取咖啡，會發現在這些過程中有各式各樣的「法則」存在，譬如說：「深度烘焙的咖啡味道苦，淺度烘焙的咖啡味道酸」或是「高溫萃取的咖啡苦味強，低溫萃取的咖啡酸味強」等等。

將這些小小的法則收集、串聯起來，就能夠觀察出咖啡由生豆到萃取階段的製作過程。再整合這些小法則，找出共通點，就會發現一個大法則。我透過歸納與推理，將接觸咖啡多年來所得到的零星知識整合起來，透過一般的法則導出其中的因果關係。

只要掌握這些法則，不單是能爲每種咖啡找到最適宜的烘焙度，還能在最後的萃取階段，製作出最接近自己想像的咖啡味道。但是咖啡會隨著每年的環境改變而產生變化，即使找出法則，仍然會有許多例外與變數。究竟這世上眞的存在有明確不變的法則嗎？

以下我所提出的「系統咖啡學」並非什麼異說邪教，更非標新立異的妄想之說，只要長時間處在咖啡烘焙與萃取的世界，誰都會發現其中存在的因果關係而找到那個法則。但是這個猶如哥倫布發現新大陸的「系統咖啡學」有特別意義存在。

本書的論述基礎皆根據這個「系統咖啡學」而來，這是過去所沒有的嘗試。以下介紹我的推論過程。

■欲使味道重現的話……

經營自家烘焙咖啡店，最需要注意的是以下兩點：

1 是否能夠作出同樣的味道？

2 技術是否能夠普及、傳授下去？

第一點是做生意共通的要點，倘若做不到，就會失去顧客對你的信賴而無法順利經營。

「那家拉麵店的麵就像傳說中說的，湯頭非常棒喔！可惜只要主廚一休息，那段時間的味道就會不一樣了！」

發生這種事情會讓店家招牌掛不住，生意也會做不成。若沒有特定人物在場就無法做出相同的味道，這種事情常發生在名人當家的店。這是因爲店家的工作人員沒有做到第二點——將技術普及的關係。大家都仰賴主廚，主廚一不在就做不出味道相同的商品。

咖啡的烘焙不能只是一條線，會影響咖啡味道的不光是每年栽種環境的改變，還有品種、產地、海拔高度、精製法、烘焙度等。另外，就算同屬阿拉比卡種的帝比卡與卡杜拉，味道也明顯不同；乍見之下相同的生豆，經過烘焙就能了解內在各有不同。咖啡的世界就是如此。

所以將咖啡視爲「最後必須全憑高手的直覺」，將製作咖啡視爲某種獨家密技而不願將技術傳授給後進，將無法在短期內培育出咖啡人才。

還有一點，烘焙的世界不允許「不適合、不平均、白費工夫」。不適合的烘焙方式，會讓人覺得烘焙過程很辛苦且麻煩。爲了避免這種狀況，找出任何人都能輕易學會的烘焙手法，是我多年來的夢想。

世界上有各式各樣的人。某天有人問我：「我想淺度烘焙哥倫比亞咖啡，該怎麼做才好？」他還要求要抑制酸味。

光是淺度烘焙哥倫比亞咖啡這還不難，但是要抑制酸味就需要特殊技術了。因爲根據法則，咖啡豆經過淺度烘焙後酸味會變強（請參照第三章），原本就屬酸味系列的哥倫比亞咖啡經過淺度烘焙後，酸味又變得更強了。他的要求違逆自然法則，就叫做「不適合的烘焙」。

烘焙的確很難，但只要知識與技術能夠共同分享，不論是誰，不論在何時，不論在什麼地方都能做出相同味道的咖啡。標榜烘焙修業相當嚴格，生豆需三年、烘焙需八年是現在的風潮，這點讓我陷入苦思。我認爲這種風潮會讓自家烘焙難以普及。咖啡烘焙被視爲只有專家才辦得到是百害而無一利。

不論如何複雜糾結的線，只要理出某個「法則」就能輕易解開線團。而烘焙到萃取的過程亦是如此。我就像在尋找破解秘密的通行密碼一樣，熱中於追求「法則」。

2・2 四大類型咖啡豆的特徵與味道傾向

將顏色、形狀、硬度相似的生豆歸爲同一類，以顏色區分爲A到D四類型。每一類型都具有明顯的差異，也有各自適合的烘焙方式與烘焙程度。

■將咖啡分為四種類型

「有些咖啡具有共同的特性。」

我想每位咖啡烘焙者都會注意到這件事。

譬如我將古巴、海地、牙買加、多明尼加等地，再加上加勒比海上各海島低地出產的咖啡豆稱爲「加勒比海系咖啡」。這些咖啡豆肉質薄，呈現白綠色，顆粒較大且軟，烘焙時豆子能充分膨脹，顏色也很均勻。因爲豆質軟的關係，烘焙時常發生爆裂，這是此類豆子的特徵，且不會出現硬豆表面常有的黑色皺褶。烘焙過程容易觀察，適合初學者練習使用。

與之相對的，是哥倫比亞、肯亞、坦尚尼亞等地出產，也就是「哥倫比亞清新明亮型咖啡」。豆子爲深綠色，顆粒大且肉質肥厚，屬於硬豆，因而透熱性不佳不易烘焙。採用中度烘焙時豆子膨脹性亦差，表面會產生黑色的皺褶，這是此類豆子的特徵。對初學者來說是一項挑戰。

像這樣將特徵相似的豆子大致進行分類，大約可以分爲十個系統。

但是要如何了解每種豆子的特徵呢？我將咖啡由生豆到完全烘焙完成的過程共十五階段分別記錄，還杯測咖啡烘焙八階段（淺度烘焙到義式烘焙）每個階段的味道，並記錄它的變化。我想這是要了解豆子特徵最快的方式。這就是「基本烘焙」。

看來很費工夫又麻煩的舉動，但是不斷反覆這些步驟直到熟悉不但能夠抓住烘焙過程的全部流程，還能輕而易舉的判斷出各烘焙度的味道變化。接著再將各變化的資料記錄在烘焙紀錄卡（參照104頁）上，就能夠清楚看出會產生同樣變化的生豆是哪些。接著把特徵相似的豆子歸類爲同一個系統，這樣反覆的作業、分類，就能夠從中發現主要有四類不同的特徵，稱爲「四大區分點」。

1 生豆的顏色
2 烘焙到產生黑色皺褶時
3 烘焙到豆子膨脹時
4 烘焙到顏色改變時

利用以上這些不同將同系列的豆子再次分類，十個系統重新排列組合後可以得到下面A到D四個類型。

進行豆子分類時，首先要將咖啡產地、品牌名稱等拋諸腦後。我在第三章也會提到，決定咖啡的味道不是產地名稱，而是烘焙度。產地名稱的影響只是其次，要先自腦中消去產地名稱等先入爲主的念頭。

1是根據生豆顏色大致分類。咖啡生豆若是當年採收的「新豆（New Crop）」，則水分含量多，呈現深綠色。若是採收半年以上的「舊豆（Past Crop）」，則水分已脫去，漸漸趨於白色。當然這是拿同一種豆子作比較。產地、採收年、精製法等的不同，含水量與豆子的顏色當然也就不同。

一般來說，生豆的顏色會隨著時間漸漸由深綠色變爲白色，因爲含水量減少，顏色也會跟著脫落。舉例來說，屬軟豆的巴拿馬經過一年水分脫去，便由深綠色轉爲白色。墨西哥與咖幼山脈（印尼產地）的咖啡豆變化更快，顏色每月都有改變，一年過後已經白過頭變成黃色了。另一方面，瓜地馬拉與哥倫比亞等含水量多的硬豆，顏色變化就沒那麼激烈，頂多由深綠色變成綠色。含水量的減少程度根據豆子的不同而有差異。

記住前面說過的，就能整體判斷採購豆的顏色差異，權宜之計是將之依顏色分成四大類型。四大類型如下：

- A型──白色系
- B型──青色系
- C型──綠色系
- D型──深綠色系

這裡爲了方便，將青色與綠色當作不同類，但並不代表B型的豆子就是水嫩嫩的青色，而是因爲將它們拿遠觀看時，會發現整體偏青色。

前面已經提過，豆子外觀的顏色與豆子的含水量有很大的關係。A類豆的含水量較少，D類豆含水量最多，也即由A到D含水量愈來愈多。順帶一提，屬於A類型的巴拿馬SHB，水分儀的測量結果爲9．8％，D類型的坦尚尼亞AA爲11．5％；坦尚尼亞的新豆通常含水量爲12～13％。含水量的減少是因爲由採收到進入日本港口已過半年以上的時間。不過即使如此，它的豆子顏色變化不大，仍舊呈現濃綠色。

當然不能光靠第1點不同就把豆子分成四類，只憑顏色判斷，一定有些豆子無法歸類，因此才會出現2～4的區分點。2～4是根據烘焙過程中，豆子的顏色與形狀變化來判斷豆子屬硬豆或軟豆。軟豆容易烘焙，硬豆則否。嚴格確認豆子狀態的時間點如下四點（參照103頁的照片）：

（1）放入的生豆變鬆軟時
（2）第一次爆裂時（淺度烘焙）
（3）第一次爆裂結束時（中度烘焙→深度烘焙）
（4）進入第二次爆裂時（城市烘焙→深城市烘焙）

（1）是在生豆放入鍋子裡六到七分鐘左右。以小火蒸焙，利用蒸的方式去除水分，讓整體變成白色。最佳時間點以A型和D型相比，A型豆的中央線會張開，銀皮會脫落，顏色也會變得更白；含水量多的D型稍微帶茶色，但顏色仍舊深綠，中央線不會輕易打開；中央線打開與否，正可判斷豆子的脫水狀態，也可趁此時間點確認豆子的軟硬程度。

（2）是在過了（1）階段的數秒後，發生第一次爆裂前。照一般的說法，豆子在第一次爆裂前（水分脫除那一刻）會稍微萎縮，到第一次爆裂時會膨脹。接著在第二次爆裂前會產生皺褶，接著皺褶會擴大。這個理論對A型來說是符合的，但C、D型就不合了，因爲C、D型不容易產生皺褶。在這個時間點，A型的顏色會由白色變爲茶色，水分也漸漸脫除，因而豆子會萎縮，表面佈滿黑色細細的皺褶。D型豆也會產生皺褶，顏色也會

圖3　四類型的特徵

表8　A型的烘焙度與味道傾向

◎：非常適合　○：適合　△：尚可　×：不適合

A型的特徵	烘焙度	適合・不適合	味道傾向
●A型的特徵 含水量少，整體呈現近白色，豆子表面沒有凹凸、滑溜溜的。主要是低地～中高地出產，酸味少，透熱性佳，能夠完全膨脹。香味佳，採用淺度到中度烘焙，能夠將味道完全釋放出來，最適合初學者使用。	淺度	◎	淺度烘焙也不會出現所謂「青草味」。咖啡的香氣通常多到中度烘焙左右才會出現，但淺度烘焙的階段能夠讓人感受到多采多姿的芳香氣味。除了能夠抑制酸味外，還能取得味道平衡。
	中度	○	稍微有些苦味，或者該說是在酸味與苦味的平衡上，苦味稍稍勝出。豆子充分膨脹，故外觀佳。
	中深度	△	到這個烘焙度味道已趨單調平淡，香氣也減少，還會摻雜一些焦味。
	深度	×	味道單調平板，濃度與黏稠度俱失，索然無味。焦味反而被突顯出來。

漸漸變黑。

（3）是第一次爆裂結束的那一刻。A型的皺褶與凹凸已減少，且顏色比起C、D型要明亮的多。另一方面在同一個烘焙度時，D型豆因爲滿佈黑色皺褶而整顆豆子變成黑色，可能對某些豆子來說，已經烘焙過度了。

（4）這個階段時，A型豆會產生皺褶，接著完全膨脹使得豆子表面平滑無凹凸。但是D型豆完全不會產生皺褶，表面會殘留凹凸不平的痕跡。

確認以上四個時間點，可以清楚判斷咖啡豆的含水量多寡、屬於硬豆或軟豆。顏色變化平穩，充分遍佈皺褶，豆質柔軟的就屬於A或B型；相反的，含水量多，不易產生皺褶，肉質肥厚且堅硬的豆子即屬C或D型。

普遍來說，含水量多、肉質厚的硬豆酸味強，扁平豆酸味弱，也就是愈接近A型酸味愈弱，愈接近D型酸味愈強。利用這幾項將豆子分成A到D四類型（參照表8～11）。

這樣的分類結果能夠被多方運用。譬如說在採購生豆時，看到外表深綠的豆子，就能知道它的含水量高，烘焙時火力要小，在第一次爆裂前讓它慢慢蒸焙（去除水分）。或者說，剛採收的深綠色咖啡豆二話不說就是進行雙重烘焙（參照第四章）調整它的性質。原本一般豆子經過一次烘焙味道就會變得過重了。

這樣的分類方式還有另外一個好處，就是易於找到代替品。譬如作爲綜合咖啡的巴拿馬SHB突然缺貨時，可以用同類型的

表9　B型的烘焙度與味道傾向

◎：非常適合　○：適合　△：尚可　×：不適合

烘焙度	適合・不適合	味道傾向
淺度	○	味道較A型的咖啡濃，香味也相當豐富，另一方面，要注意容易出現酸味與澀味，特別是澀味會變得強烈。
中度	◎	味道與香氣獲得最大的發揮，豆子也充分膨脹，使表面出現皺褶，賣相佳。酸味與苦味相當平衡。
中深度	○	味道稍嫌貧乏，但仍舊比A型的中深度烘焙豐富。味道的濃度與風味易操控，可用來調整綜合咖啡等的味道。
深度	△	焦味強烈，整體味道缺乏深度。沒有特色的平淡味道，因而被用來當作學習深度烘焙時的入門咖啡。（例：巴哈咖啡館就將印度APA當作深度烘焙入門咖啡）。

●B型的特徵

低地～中高地出產，稍微乾枯，外表凹凸不平。使用方便，淺度烘焙、中深度烘焙皆適合。其中又以印度APA深度烘焙後口感極佳，屬於咖啡的入門品種。透熱性不及A型，故淺度烘焙時容易產生澀味，要小心。

多明尼加咖啡代替。若是連烘焙度都相同，就能夠製作出同樣味道與香氣的咖啡了。也就是由此產生「咖啡的味道取決於烘焙度而非產地名稱」的法則。

■A～D型的特徵

A到D型的特徵如下所示：

●A型

含水量少，整體呈現白色，成熟度高，豆子顆粒大中小混雜，豆型扁平且肉質薄是其特徵。豆子表面較無凹凸，具有平滑的觸感；大多是低地或者是中高地生產，酸味弱，香氣也少。因此即使用淺度烘焙～中度烘焙，酸味也不會特別突顯。肉質薄，故透熱性佳，能夠充分膨脹，因此外觀較美，相當受歡迎。再加上成熟度高，透熱性佳，因而不易烘焙不均。不過若是採用深度烘焙，就會像沒氣的啤酒，平淡無味。注意烘焙度不要超過淺度～中度階段。

●B型

可以隨意使用的類型，兼具一點A型與C型的特性，可以採用淺度烘焙～中度烘焙～中深度烘焙等多種烘焙度。外觀看來稍微有點乾枯貌，表面有些凹凸不平。像摩卡・瑪塔利一樣，成熟度、含水量、豆子大小等數值不均，要小心不要烘焙過久，以免造成烘焙不均的情況。多屬低地～中高地生產，透熱性不及A型佳，淺度烘焙會造成澀味產生，要注意。此類型咖啡豆在巴哈咖

表10　C型的烘焙度與味道傾向

◎：非常適合　○：適合　△：尚可　×：不適合

●C型的特徵	烘焙度	適合・不適合	味道傾向
多產自中高地，豆子質厚，表面凹凸少，用途廣，可與B型、D型互換使用。C型要使用「第二次爆裂」的中深度烘焙，方可將其口味與香氣發揮到極限。瑕疵豆的味道會因為烘焙而突顯，故採購與品管時要特別注意。	淺度	△	澀味強烈，有青草味。豆子表面會出現黑色的皺褶，皺褶不會消失，而會變成凹凸不平的黑色豆子。咖啡萃取液也給人黑漆漆的印象。烘焙度不易控制。
	中度	○	會出現稍微濃厚的味道與香氣，酸味偏強，烘焙失敗時會出現澀味。
	中深度	◎	此烘焙度最容易烘焙也是最方便調理，即使烘焙時心不在焉，也能製出酸味、苦味平衡的咖啡。
	深度	○	比起B型豆的深度烘焙，味道較豐富，可以深感其醇厚度。加入深度烘焙的D型綜合咖啡中，能夠抑制其濃度與強度，適合用於調整味道上。

啡館多採中度烘焙，是用來向大眾宣告咖啡美味的類型。

●C型

多爲中高地出產的咖啡豆，肉質相對較厚，表面凹凸少，呈現淺綠色，味道與香氣豐富，特別是香氣質優，能夠讓人十二萬分地體會咖啡的魅力。咖啡世界中最深奧的中深度烘焙能夠讓它更加美味。尼加拉瓜、墨西哥、巴西等綜合咖啡不可缺的咖啡豆皆屬此類，用途很廣，還能夠替代B型與D型咖啡豆。一般新豆皆會有刺激味，但C型咖啡豆的新豆不常有這種狀況。稍微有點乾枯貌是其特徵。

●D型

高地產的大顆粒硬豆。肉質厚，含水量也多，故透熱性差，烘焙不易。豆子表面凹凸不平，呈現深綠色，淺度烘焙～中度烘焙無法充分發揮它的味道，適合中深度以上的烘焙度。具強烈的酸味，故不適合淺度烘焙。紐約的咖啡期貨交易所將之視爲與哥倫比亞清新明亮型咖啡同等級的上等品。經過深度烘焙後味道仍然濃厚，擁有A型與B型咖啡所沒有的多層次味道。法式烘焙會使它味道變得單調，但仍具相當的濃郁感。肉質肥厚烘焙時容易造成「芯」，會使香氣受到抑制。

■A到D型的烘焙度

A到D每個類型的豆子都有能夠發揮自己最佳味道的烘焙度。古巴咖啡豆最適合肉桂～中等（Medium）烘焙；酸味強的肯

表11　D型的烘焙度與味道傾向

◎：非常適合　○：適合　△：尚可　×：不適合

●D型的特徵

高地出產的大顆粒、肉質肥厚的品種，肉質硬且表面凹凸不平。透熱性差，適合中深度～深度烘焙，適合喜歡煙薰味道的饕客。深度烘焙會使口味變得單調，減少含水量才能享受濃厚的味道。

烘焙度	適合・不適合	味道傾向
淺度	×	酸味特別突出，會變成滿是酸味的咖啡。有青草味、強烈的澀味，烘焙度的控制相當困難。豆子表面覆蓋一層黑色皺褶，不易膨脹，屬於事倍功半的烘焙度，因而不考慮使用。
中度	△	稍微有點澀味，味道控制困難：沒有淺度烘焙那麼糟，但是製作出的咖啡味道接近淺度烘焙。
中深度	○	味道與香氣的豐富性都被引出來，甚至令人感到太過豐富了。要說它到底是不是適合D型的烘焙度呢？可以說它的適合度是接近◎的○吧！
深度	◎	此烘焙度能製造出適合的味道，味道與香氣的平衡絕佳，苦味沒有特別被突顯，且它的苦味不只是苦味，而是有深度的苦味。

亞最適合法式～義式烘焙。各類型適合的烘焙度整理在表8～11中，表中以「◎○△×」記號標示適合的烘焙度。

這裡必須注意，A型豆雖然不適合深度烘焙，但並不代表不能用深度烘焙。

例如印度APA雖然屬於B類型，但巴哈咖啡館將它以義式烘焙處理，酸味本來就不明顯的咖啡豆，透過深度烘焙後仍能具有平衡的風味，非常順口。因爲它沒有特別搶眼的特性，因而不習慣深度烘焙咖啡的客層也能接受。可用來作爲學習深度烘焙的入門種類。

屬A型的祕魯EX也有同樣情況，能夠讓它得以發揮的烘焙度就是中深度烘焙的城市烘焙～深城市烘焙。味道平衡度佳，喝起來順口，也是適合初學者入門使用的種類。也適合當作綜合咖啡使用。

巴哈咖啡館的深度烘焙綜合咖啡——義式調和，就是用巴西、肯亞和印度咖啡豆混合而成。根據類型順序，就是「C＋D＋B」。

照一般公式來說，深度烘焙應該是C型與D型咖啡豆的組合才是，但是這裡我特別用B型豆來作底味；因爲光是使用C型與D型豆的組合，咖啡的味道會過濃，加入清淡的深度烘焙B型豆，可以中和整體味道。這就是所謂的逆向操作。

前述方式，除了能將每種咖啡的味道發揮到極致外，還有其他功用，也就是說，「不適合」這個評價只是烘焙上的標準，不能概括全部。

「白色系的A型豆大多不適合深度烘焙，深色系的D型豆不適合淺度烘焙」這些說法都是接觸烘焙數十年來的經驗，可以將之視爲一個標準。

「表12」顯示的是不同類型的咖啡豆適合的烘焙度。最簡單的方式就是，根據「◎」所在的位置調製咖啡，就能將咖啡味道發揮出來，得到最佳成品。巴哈咖啡館也是整合了能讓每種咖啡發揮最佳風味的烘焙度，才創造出現在的菜單。各位讀者可以活用本書所提到的方式。

■談談由研磨到萃取

了解各類型的生豆與烘焙度間的關係後，「系統咖啡學」就大致了解八成了。「系統咖啡學」的想法是來自「將咖啡由生豆到萃取的過程視爲一個系統，有各式各樣的條件會影響這個系統中存在的每個步驟，因而產生各種味道」。

咖啡的味道大多取決於烘焙度，這點我已經再三強調，但研磨的粗細也會影響咖啡的味道。咖啡粉的研磨與味道的關係這點我第五章再行詳述，這裡先根據「表13」的基本「法則」跟大家說明。

1「細度研磨則口感濃厚，苦味強；粗度研磨則口感清爽，苦味較弱」。

研磨度愈細，咖啡粉的表面積愈大，被萃取出的成分愈多；溶在咖啡液中的成分愈多，濃度愈高，咖啡也就愈苦。研磨度愈粗則相反，濃度愈淡，苦味愈弱，取而代之酸味愈強。這裡只要記住「研磨」與咖啡味道有很大的關係即可。

再者要記住的是「咖啡粉的份量」、手沖壺注水的「熱水溫度」與「萃取量」對味道造成的微妙變化。它的法則如下：

2「咖啡粉量愈多，苦味愈強（意即酸味愈弱）；粉量愈少，則酸味愈強（意即苦味愈弱）」

3「水溫愈高則苦味愈強（意即酸味愈弱）；水溫愈低則酸味愈

表12　四類型與烘焙度的對照表

類型／烘焙度	D	C	B	A
淺度烘焙	×	△	○	◎
中度烘焙	△	○	◎	○
中深度烘焙	○	◎	○	△
深度烘焙	◎	○	△	×

※照表格中的橘色標示調製咖啡，就能煮出美味的咖啡。

表13　咖啡的味道與萃取條件

	烘焙度	研磨度	粉的份量	水溫	萃取速度	萃取量
酸味強 苦味弱	淺度烘焙	粗度研磨	少	低	快	多
↓	↓	↓	↓	↓	↓	↓
酸味弱 苦味強	深度烘焙	細度研磨	多	高	慢	少

強（意即苦味愈弱）」

4「萃取的咖啡液愈多，則酸味愈強（意即苦味愈弱）；萃取的咖啡液愈少，則苦味愈強（意即酸味愈弱）」

善用這些法則，就能知道烘焙停止的時間若遲了幾秒，咖啡就會變苦多少；而且爲了找出讓味道平衡的方式，採行「粗度研磨→粉量少→低溫萃取→快速萃取→萃取咖啡液多」，得到的結果是原本突出的苦味被抑制，味道變得平均。由此可知，光是粗度研磨就能對味道有多大的影響。

相對於烘焙度對味道壓倒性的影響，1到4的法則只是微調罷了，但若能活用此一法則，它不單能夠微調味道，還能預測出咖啡在最後階段倒入杯中之時，會出現什麼樣的香味。將咖啡的製作流程系統化的原因也在於此。

●談談代用咖啡

咖啡是由咖啡的果實製作出來的飲料。也有咖啡不是用咖啡豆製作出來的（它也可以稱作「咖啡」嗎？），最常看到的就是「蒲公英咖啡」，它是用蒲公英的根部乾燥後製成的健康飲料。還有一種是「黑豆咖啡」，是黑豆烘焙後製成的咖啡，對肩膀僵硬以及冰冷症很有效。

這些疑似咖啡的飲品從前稱為「代用咖啡」（或叫「規格咖啡」），出現於戰爭時期。昭和十三年（1938）左右開始限制咖啡進口，昭和十九年（1944）時完全禁止進口，直到昭和二十五年戰爭結束、咖啡再度開放進口為止，日本喝的都是這些「代用咖啡」。

當時有各式各樣的代用咖啡，從大豆的豆渣，到百合的根、橡實、葡萄的種子、向日葵的種子等皆被用來製成代用咖啡。最有趣的是用橘子皮作成的陳皮等。將這些東西烘焙來飲用，可以看得出當時人們對咖啡的執著。現在已經沒有人記得當時這些代用咖啡的味道了。

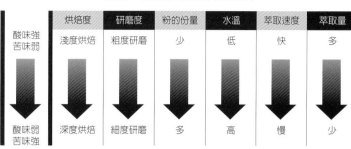

2・3 四大類型咖啡豆與烘焙度

D型的哥倫比亞不適合淺度烘焙，A型的巴拿馬不適合深度烘焙，每種咖啡豆皆有它適合的烘焙度。咖啡的味道並非來自於產地名稱，而是取決於烘焙度。

不同類型豆子的烘焙標準
（也可參照61頁的表格）

巴哈咖啡館現在販售有三十三種咖啡，爲了方便起見，這些咖啡皆以產地名稱稱呼，但就像我再三強調的，產地名稱只是分類上的方便，重要的是「這是能呈現什麼樣味道的咖啡呢？」而這端賴正確適合的烘焙度才能得知。

以下列出的是巴哈咖啡館所使用的所有咖啡，照著A到D型的順序爲大家一一介紹它們的味道特徵與適合的烘焙度。

●巴拿馬SHB（A型）

具有很好的香氣，味道方面亦屬上等。香氣也有所謂的上等、下等，而巴拿馬屬上等。味道平衡度佳，有些微的酸味，成熟度高且豆子品質均一。豆子肉薄，故透熱性佳，不易產生烘焙不均的情況。味道純度高，豆子沒有大小不一的狀態故沒有雜味。大致上屬於容易調理的種類，採中等烘焙（Medium Roast）～高度烘焙（High Roast）的烘焙度最佳。採用中深度烘焙～深度烘焙的話，可以用來調整深度烘焙綜合咖啡的味道。豆子的顏色變化與膨脹度宛若教科書一樣，適合烘焙練習使用。

●多明尼加・芭拉侯那（Barahona）（A型）

「芭拉侯那」是生產良質咖啡的多明尼加南部的一個產地名。豆子屬大型豆，成熟度高，水分含量平均。味道的平衡度佳，口感溫和順口。酸味沒有巴拿馬咖啡豆高，但具有醇厚度。很難買到純粹的生豆。或許是因爲市場流通量少的關係而滯銷，流通的豆子常是乾枯貌。烘焙時味道不會有太大的變化，故適合用來穩定綜合咖啡的味道。雖然每種烘焙度皆不錯，但比較起來還是中等～高度烘焙最適合。

●越南・阿拉比卡（A型）

一提到越南，就想到它是目前僅次於巴西之第二大咖啡生產國，近十年的發展相當顯著。大多數咖啡爲羅布斯塔種，只需要印尼羅布斯塔的半價就能夠買到。最近也開始致力於水洗式阿拉比卡種的栽培，具有與南美洲咖啡不同的風味。價格上或許是有手續費的關係，稍微偏高。豆子大小屬中型，肉質厚薄亦屬中間；缺乏豐富的味道與風味，但口感溫和滑順，味道清爽。在尼加拉瓜與巴拿馬屬於劣級品。味道平淡單調，故適合用於調整綜合咖啡的味道。適合中等～高度烘焙。

●哥倫比亞・馬拉戈吉佩（A型）

馬拉戈吉佩是19號篩網以上的大顆粒豆子，也被稱作「象豆」，栽種於巴西、哥倫比亞、瓜地馬拉、尼加拉瓜、墨西哥等部分地區，被視爲較上等的豆子。味道大致上單調平淡，但哥倫比亞的馬拉戈吉佩的味道卻相當有厚度，酸味不強且少雜味，或許味道單調就是因爲沒有雜味的關係吧！最適合高度～城市的中度烘焙。

●祕魯EX（A型）

屬於顆粒較大的豆子，尺寸有大小不均的狀況，具有豐富的酸味與絕佳的醇厚度，整體味道深厚滑順。缺乏鮮明的特色是它的特徵，被視爲重要的入門咖啡。雖屬A型，但淺度烘焙卻無法讓它的味道得以充分發揮，反倒是法式烘焙能夠讓它擁有令人驚訝的絕佳平衡美味，屬於例外品種。

味道容易讓人留下印象，故被當作是深度烘焙咖啡的指標味道。例如說某個咖啡豆要深度烘焙時，「採用法式烘焙！」接獲這樣的指示，對於法式烘焙味道的記憶也會因人而異，然而，只要具體說明：「比祕魯苦一點」，「啊，那個味道啊！」大家馬上就有共同的了解。像這個樣子，重新在大家腦中建立每種烘焙度的基準咖啡味道，並具體說明「這個咖啡味道缺乏什麼？具有什麼？」就能製作出味道穩定的咖啡。巴哈咖啡館對其他烘焙度的味道基準設定是：淺度烘焙是古巴水晶山；中度烘焙是巴西水洗式；中深度烘焙是哥倫比亞特選級（Supremo）。

●巴西・自然乾燥式（A型）

最近巴西也開始推出部分水洗式咖啡，但基本上主要還是屬於自然乾燥式咖啡。良質品的巴西咖啡成熟度與含水量平均，相當容易烘焙，但這樣的良質品算少數，巴西咖啡主要還是乾燥不均者多。豆子肉薄顆粒小，含水量少，故透熱性佳。一般都是偏苦味，但若是樹齡較輕，咖啡會散發優質的酸味。香氣與味道特色勝過水洗式咖啡。在市場趨勢傾向品質均一的精品咖啡的現在，自然乾燥法的巴西正在逐漸減少中。高度烘焙最能夠發揮其最佳風味。

●巴西・半水洗式（A型）

此咖啡產自灌溉發達的席拉多地區。半水洗式的特徵是無發酵槽浸漬步驟，是自然乾燥法與水洗式精製法的折衷型。瑕

●A型五種類

巴拿馬SHB

多明尼加・芭拉侯那（Barahona）

越南・阿拉比卡

哥倫比亞・馬拉戈吉佩

祕魯EX

疵豆較自然乾燥法少，且富含酸味。在日本一般都視自然乾燥法的巴西咖啡為正統，將半水洗視為異端。淺度烘焙會產生青草味，而中深度烘焙則會引出苦味，因此適用中等～城市烘焙的中度烘焙。類似巧克力味的苦味使它適合用於Espresso咖啡。過篩過程相當講究，因此顆粒大小平均，容易烘焙。

●A型三種類

巴西・自然乾燥式

巴西・半水洗式

摩卡・山那尼（San'ani）

●摩卡・山那尼（San'ani）（A型）

摩卡並沒有明確歸屬於哪個等級，因此常直接加上產地名稱來命名。譬如知名的摩卡・瑪塔利就是以葉門的摩卡出口港命名；而這裡的山那尼也是產地名，屬於南北統一前的南葉門咖啡。山那尼比瑪塔利次一等，但充分具有摩卡咖啡的特色，大小以及含水量不均這點正是摩卡咖啡的特色。不論是山那尼或者瑪塔利皆採行自然乾燥法。自然乾燥法的豆子濃度高，具鮮明特色，唯一美中不足的就是瑕疵豆與雜質過多。還有強烈的發酵味。採用中度烘焙最適合，法式烘焙也別具特色。

●高山圓豆（B型）

出產自牙買加島中部五百到一千公尺地帶，豆子顆粒小且呈圓形，使用10～13號篩網，小於這個尺寸的豆子混入機率為4％。圓豆主要長在咖啡樹枝的尖端，通常一棵咖啡樹能夠採收一成左右的圓豆，因為數量稀少、價格昂貴，再加上其透熱性佳，具有獨特香氣，因而效忠者眾多。圓豆的美味之處在於比平豆順口，且透熱性良好。品質統一因而烘焙容易，美味的原因亦在此。

●辛巴威AA（B型）

波旁系的豆子，屬於沉穩風味。顆粒大且成熟度高，外觀佳。味道溫和，主要輸出西歐與北歐地區。辛巴威共和國位在海拔一千五百公尺的高原。口感柔和滑順，富香氣。品質不一的情況少，適合中深度烘焙。稍有酸味，少雜味。膨脹容易，適合手網烘焙，也令人驚訝於它的透熱性佳。在日本的知名度還不高，但具有高品質與鮮明的味道特色。

●印度APA（B型）

為印度獨有的肯特種，APA是印度產的阿拉比卡種莊園A級品（Arabica Plantation A grade），表示最頂級品。豆型長且左右寬；酸味較弱，苦味偏強；大致上屬於容易烘焙的品種，但品質不均的情況嚴重，因而難度也相對提高。原本適合中度烘焙，但即使採用深度烘焙也不會破壞味道的平衡，因此採用深度烘焙也能發覺另一種樂趣。與肯亞咖啡相當適合，在巴哈咖啡館用來調配深度烘焙的綜合咖啡（巴西2＋肯亞1＋印度1）。

●烏干達ＡＡ（Ｂ型）

烏干達屬於非洲內陸國家，面臨非洲最大湖——維多利亞湖，是電影「非洲女王」的取景地。國土幾乎皆位在海拔一千公尺以上的高地，主要生產羅布斯塔種咖啡，但東部高地上則栽種風味多變的阿拉比卡種，咖啡佔所有輸出產品的六〇％。豆子顆粒大且扁平，含水量少，成熟度高，肉質柔軟，深度烘焙後苦味會突顯出來，味道平板，適合中度～中深度烘焙。與巴西、印度屬同類型。酸味偏弱，但要注意，酸味弱的咖啡豆容易產生澀味，必須小心烘焙。

●古巴・水晶山（Ｂ型）

古巴評鑑等級是採篩網（豆子顆粒大小）與扣分法，水晶山是篩網18／19（表19號篩網中混有11％以上的18號篩網咖啡豆）、扣分4分以下的最高級品。顆粒大且成熟度高，酸味與苦味間的平衡度佳，味道與香氣皆平順，但另一方面也意味著他的味道不具特色，給人平板的印象。爲「加勒比海系」咖啡的代表，適合烘焙初學者使用。最佳烘焙度爲淺度的肉桂烘焙～中等烘焙。巴哈咖啡館將它的味道用來當作淺度烘焙的基準味道。

●咖幼山脈（Gayo Mountain）（Ｂ型）

產自印尼蘇門達臘島北部咖幼山脈的水洗式咖啡。以手摘法收成的豆子顆粒大，精製度高，擁有絕佳的酸味，不管淺度

●Ｂ型五種類

烘焙或者深度烘焙，味道的平衡度均佳，容易烘焙成功。採用中度烘焙的中等～高度烘焙，能夠發揮出它本身最佳的風味。

●尼加拉瓜SHG（B型）

給人的印象不及瓜地馬拉重，不似薩爾瓦多輕。成熟度高，透熱性佳。SHG是在海拔一千五百至二千公尺高地採收的最頂級品。豆子屬中型大小，肉厚度也屬中等，精製不易，但是易於用來調製咖啡，主要品種爲卡杜拉。採收完全成熟的紅色果實。歐美諸國給予很高的評價，可用來代替瓜地馬拉、哥斯大黎加咖啡。美國爲最大的進口國，其中又以星巴克（Starbucks Coffee）爲其愛用者。適合中度烘焙。

●摩卡・瑪塔利No.9（B型）

葉門所產的摩卡咖啡中，以瑪塔利產地所栽培的摩卡・瑪塔利最高級；獨特的酸味與醇厚度，讓它擁有「咖啡貴婦人」的封號。礙於照顧與施肥不足，因而生產量低，又因採用石臼去殼，故混入破裂豆的比例亦高，豆子顆粒小且尺寸不一。不一致的不光是尺寸，豆子的乾燥狀態也不平均；何謂乾燥不平均？只要想像生豆與老豆混雜在一起的樣子便可知。

另外還有專門販售瑕疵豆的店，死豆、發酵豆、發霉豆、黑豆，全部都有。摩卡的咖啡迷數量遠勝於其他品種咖啡，爲單品咖啡中人氣第一的品種，但它的高價卻讓烘焙者飲泣。既然它被視爲是上等咖啡，那麼手選步驟就省不得了，由這裡就可以看出各自家烘焙咖啡店的實力。順帶一提，No.9表最高等級。最佳烘焙度是高度～深城市烘焙。

●藍山No.1（C型）

牙買加出產的咖啡中最高級的品種，顆粒大，擁有極品香氣。精製度高，幾乎少有瑕疵豆。酸味與苦味的平衡感佳，普羅大眾皆能接受的口味；可惜的是一般多採淺度烘焙，無法發揮藍山最佳的味道。

從前在日本有「愈好的咖啡愈採淺度烘焙」的說法，我想理由有二，一是深度烘焙容易失敗，二是深度烘焙會使死豆變白而特別明顯。淺度烘焙不會突顯死豆，還會讓豆子表面覆上漂亮的烘焙色，也可說是適合死豆的烘焙度。

● B型三種類

咖幼山脈

尼加拉瓜SHG

摩卡・瑪塔利No.9

建議使用藍山時，別太強調它的酸味與苦味，烘焙度採用中度烘焙的高度～城市烘焙最佳。這個範圍的烘焙度能散發最佳香氣；烘焙度過深會使藍山走味。

●蒲隆地（C型）

產自非洲中央高地、坦尙尼亞、剛果、盧安達所包夾的高原之國。咖啡佔外匯收入的九○％，因而對支撐國家的咖啡栽培相當小心。土壤肥沃，因而產出可與藍山匹敵的優良咖啡豆。幾乎無瑕疵豆，尺寸與含水量也相當平均，成熟度高，烘焙過後，豆面一致呈現相當漂亮的烘焙色，口味上充滿野性，殘留著強烈的味道與香氣，與現在市面上大多數優質且溫和口味的咖啡皆不相同。蒲隆地的味道接近衣索比亞的水洗式上等咖啡，在歐美具有很高的評價，但在日本的知名度卻相當低，令人不解。

●哥斯大黎加SHB（C型）

咖啡主要產地在內陸高地，被視爲最高等級的SHB生長在海拔一千二百到一千七百公尺的高地。類似瓜地馬拉咖啡，具有極佳的醇厚度與香氣，不過以香氣的豐富度與甘甜味來說，都略遜瓜地馬拉一籌。精製度高，品質平均。味道穩定度高，不只適用於單品咖啡，也適合用作綜合咖啡。與墨西哥咖啡相同，本身的味道不會左右其他咖啡，正好用來調和綜合咖啡的味道。

但是隨意烘焙會使味道改變。因爲它屬於高地產的硬豆，要注意小鍋子烘焙時會產生「芯」。可採用中度烘焙～中深度～深度烘焙，最佳烘焙度爲中度烘焙。

●曼特寧・G1特選（C型）

豆子顆粒大，富含獨特的醇厚度與香氣，肉質不算厚，屬

●C型五種類

藍山No.1

蒲隆地

哥斯大黎加SHB

曼特林・G1特選

尼加拉瓜・馬拉戈吉佩

於軟豆類，但含水量與尺寸大小不一，瑕疵豆過多，容易造成烘焙不均。指謫曼特寧味道不佳的人們，多數認爲它的瑕疵豆過多。與摩卡一樣，透過徹底的手選，能夠讓它散發出最棒的味道與香氣。與摩卡同爲日本人最愛的咖啡，酸味與苦味相當平衡，少雜味；烘焙時的顏色變化最爲獨特，需要花點時間適應。最佳烘焙度爲深城市～法式烘焙。

●尼加拉瓜・馬拉戈吉佩（C型）

與哥倫比亞的馬拉戈吉佩相比，透熱性更佳，烘焙更容易。屬於大型豆，烘焙時能夠充分膨脹，但味道與香氣上略遜於哥倫比亞的馬拉戈吉佩，味道沒有辦法被完美表現出來，這或許是低地咖啡的宿命也說不定。爲何歐美國家對於哥倫比亞清新明亮型咖啡等高地硬豆咖啡給予很高的評價，是因爲它們的咖啡液濃度高且能夠萃取出的量多。可悲的是，這是低地咖啡做不到的。最佳烘焙度爲中度烘焙的高度～城市烘焙。

●C型四種類

●衣索比亞・水洗式（C型）

爲西達莫（Sidamo）地方的水洗式咖啡豆，主要提供歐洲市場，屬於上級品。具有獨特的香味與深厚的醇度，咖啡高手也愛用的咖啡。氣候、土壤、栽培方式等皆與葉門咖啡相似，故過去稱爲「摩卡哈拉（圓豆的哈拉豆）」，被視爲是瑪塔利的兄弟種。事實上此種咖啡在日本多使用於摩卡綜合咖啡。品質不一的情況少，是相當高級的咖啡，深度烘焙的法式～義式烘焙能夠讓它發揮出最佳風味。

●墨西哥SHG（C型）

收成自海拔一千七百公尺以上高地的上等品，酸味與苦味間的平衡佳，散發著優雅高級的香味。與一般高地生產的咖啡不同，它相當容易烘焙。豆子尺寸中等，豆子厚度也屬中間，少有未成熟豆混入，成熟度高。不具強烈特色，故適合用來平衡綜合咖啡的味道。生產量穩定，價格也較低。適合中度烘焙的高度～城市烘焙。

●厄瓜多SHG（C型）

阿拉比卡種栽種在厄瓜多南部海拔一千五百公尺的高地上，爲安地斯山脈的招牌商品。豆子顆粒大，延展性佳。採收完全成熟的豆子，經過水洗、日曬、保存、脫殼一連串管理完善的流程，顆粒大小平均，賣相佳。可惜味道偏淡且少有香氣，屬於單調平淡的咖啡，故銷量不佳。屬於南美洲產區，與古巴、多明尼加咖啡類似，也可與之互爲代用。味道上沒有特別突出的地方，適合用於綜合咖啡。最佳烘焙度爲中度烘焙。

●巴西・水洗式（C型）

兼具巴西自然乾燥咖啡與水洗式咖啡的優點，雖然自然乾燥咖啡的效忠者敬而遠之，但其優質的酸味、穩定的品質，相當易於烘焙萃取。巴西的自然乾燥咖啡當然也有優點，但是品質不均的狀況太多，影響咖啡的烘焙萃取。澀味相當強烈，烘焙度愈深，苦味愈強，因此從古至今巴西自然乾燥咖啡皆被歸類爲苦味咖啡。過去多被用來壓抑綜合咖啡的酸味。巴西水洗式咖啡的主要市場爲歐洲，日本幾乎很少進口。我對它採用由淺到深四種烘焙度。

●哥倫比亞・特選級（Supremo）（D型）

豆子呈現深綠色，顆粒大，果肉厚；出口的生豆幾乎都是新豆，酸味強烈且質硬；含水量多這點又令烘焙者頭疼。但若是豆子沒有好好烘焙，製作綜合咖啡會相當辛苦，因爲它是用來穩定綜合咖啡口味不可或缺的角色。被稱爲哥倫比亞清新明亮型咖啡（再加上肯亞、坦尚尼亞），屬於高價咖啡。

對於烘焙初學者而言，是難以應付的對手，必須具有相當熟練的烘焙技術始能應付。若採用中度烘焙，豆子無法充分膨脹，會使得表面覆滿黑色細紋。豆子油脂多，因而深度烘焙時

●D型五種類

會產生煙與各種揮發成分；而淺度烘焙的話，會產生強烈的澀味與酸味，變成重口味咖啡，令人頭痛。但是，若是採用中深度烘焙，能夠充分感受到其豐富的醇厚度與香氣。特選級指的是17號以上篩網的大顆粒豆子。

●新幾內亞ＡＡ（Ｄ型）

此豆子上市之初，因爲味道成分過多而被視爲是充滿野性的咖啡；會產生這樣的味道或許是因爲咖啡樹仍是新樹，或者品種突變的關係。現在這種豆子的味道就像野馬被馴服，已經趨於穩定。味道平衡度佳，瑕疵豆少，容易烘焙萃取，唯一的缺點就是味道特色不顯著，口味與香氣表現平平，不過，沒有明顯味道特色這點或許就是它的特色吧！最佳烘焙度爲中深度烘焙的城市～深城市烘焙。

●坦尚尼亞ＡＡ（Ｄ型）

日本過去稱其爲「吉力馬扎羅」，咖啡莊園位在坦尚尼亞與肯亞國境附近的吉力馬扎羅山的斜坡上。富含豐富酸味。ＡＡ是最高級的標示，與哥倫比亞、肯亞同列高級咖啡，酸味、醇厚度、香氣皆屬優質，採用中深度以上的烘焙度可以引出濃厚的香氣。濃度高，適合冰咖啡使用。

●瓜地馬拉・科本（Coban）（Ｄ型）

科本爲其產地名稱。一講到瓜地馬拉，就會想到酸味咖啡，但是科本的酸味偏弱，烘焙到中度左右隨即停止。瓜地馬拉咖啡被評爲美味，理由之一是不論以何種方式處理它，味道的基調不會改變。一般的D型咖啡容易受到萃取溫度的影響，水溫過高，咖啡的成分會溶出過快，水溫過低又無法得到咖啡精華，影響甚鉅。但是瓜地馬拉不會有這種情況，味道不會因爲處理方式而有過大的變化。

●肯亞ＡＡ（Ｄ型）

豆子圓，果肉厚，透熱性超乎想像的佳，精製度高，乾燥不均的情況幾乎沒有。味道濃厚甘甜，不易烘焙不均；在日本的知名度仍低，在歐洲卻屬第一級咖啡。品質穩定性優於坦尚尼亞，具醇厚度，膨脹性亦佳。香氣與甘美度皆屬上品。因爲咖啡豆果肉厚實，火力過強則恐怕會產生「芯」。最適合深度烘焙的法式～義式烘焙。

●D型三種類

●巴拿馬・博克特（Boquete）（D型）

青綠色的生豆。巴拿馬SHB屬A型，而博克特因爲是水分含量多的生豆，故歸類爲D型。豆質屬軟豆，故透熱性佳，無須擔心烘焙不均。價格較低，但香氣與味道皆屬上品，算是物超所值的咖啡。深度烘焙會使味道變得單調，中度烘焙即可停止。

●夏威夷・可那No.1（D型）

夏威夷・可那與藍山並列，爲高級咖啡的代名詞。其優異之處在於生長狀態佳，精製度高，幾乎沒有瑕疵豆。烘焙過後的豆子外表相當整齊漂亮，擁有絕佳的醇厚感與酸味。因油脂較多的關係，使它的口感相當滑順，只要一口就能充分感受它的美味，甚至可以說超越藍山。深度烘焙也不會走味，最佳烘焙度爲中等～城市烘焙。

●瓜地馬拉SHB（D型）

SHB是在海拔一千三百五十公尺以上的高地收成的硬豆，豆子屬於最高級，具有豐富的酸味與香氣，也適用於綜合咖啡。沒有哥倫比亞那樣的重苦味，風味與甘美度優於哥倫比亞，列名美味咖啡排行榜的前幾位，但在日本的知名度低。中度烘焙～中深度烘焙最能發揮它的美味。

表14　各類型的咖啡豆與烘焙度　　較佳 ■　最佳 ●

生豆	類型	水分%	輕度烘焙 1	肉桂烘焙 2	中等烘焙 3	高度烘焙 4	城市烘焙 5	深城市烘焙 6	法式烘焙 7	義式烘焙 8
巴拿馬SHB	A	9.8				■●				
多明尼加・芭拉侯那	A	10.1			●	■				
越南・阿拉比卡	A	10.5			■	●				
哥倫比亞・馬拉戈吉佩	A	9.3				■●				
祕魯ＥＸ	A	10.7					■	●		
巴西・自然乾燥式	A	11.4				●			■	
巴西・半水洗式	A	11.1				■●				
摩卡・山那尼	A	10.9				●			■	
高山圓豆	B	10.9			●	■				
辛巴威AA	B	9.3				■●				
印度APA	B	11.5					■			●
烏干達AA	B	11.4					■●			
古巴・水晶山	B	11.8			■●					
咖幼山脈	B	11.4				■●				
尼加拉瓜SHG	B	11.4				■●				
摩卡・瑪塔利No.9	B	10.6				●		■		
藍山No.1	C	11.3				●■				
蒲隆地	C	11.1					■	●		
哥斯大黎加SHB	C	11.4				●	■			
曼特林・G1特選	C	11.3						●	■	
尼加拉瓜・馬拉戈吉佩	C	12.9				■●				
衣索比亞・水洗式	C	11.0							●■	
墨西哥SHG	C	13.6				●	■			
厄瓜多SHG	C	12.5				●	■			
巴西・水洗式	C	11.5			●				■	
哥倫比亞・特選級	D	11.7					■●			
新幾內亞AA	D	11.9						●■		
坦尚尼亞AA	D	11.1				■	●			
瓜地馬拉・科本	D	11.4					■●			
肯亞AA	D	11.7								●■
巴拿馬・博克特	D	11.3				●■				
夏威夷・可那No.1	D	11.6				■●				
瓜地馬拉SHB	D	10.5					■●			

※水分標準（20℃、溼度60%。使用Ketto（股）科學研究所的PM-600穀類水分儀）

第3章 咖啡豆的烘焙

咖啡的味道除了生豆與生俱來的品質外，大多是取決於烘焙。正確的說是取決於烘焙度。拙劣的烘焙技術對味道造成的傷害，是再棒的研磨與萃取技術都無法補救的。

3・1 何謂烘焙度

摩卡雖被歸類爲酸味咖啡，只要烘焙得再久一點，就成爲苦味咖啡。這意味著咖啡的味道並非來自於產地名稱，而是取決於咖啡的烘焙程度。

■烘焙決定咖啡的味道

決定咖啡味道的主因，八成是來自咖啡生豆，另外兩成則是取決於烘焙。令人吃驚嗎？爲什麼？那是因爲我們所能觸及到的層面，頂多也只是烘焙這個步驟而已，咖啡豆送到日本之前的生豆製作過程等等我們是完全接觸不到的。

當然有些人用所謂「生產追蹤管理系統」的方式，與咖啡莊園建立深厚關係，以便獨家取得那些知名產地的優質生咖啡豆。但那些也只是極少數的例子，一般而言咖啡的味道還是在烘焙階段才決定的；就這點來看，我們可以斷定，咖啡味道的好壞全憑烘焙技巧的優劣。

烘焙咖啡豆的目的不單是爲了將咖啡豆煎焦，還要藉各種不同的烘焙程度，讓生咖啡豆發揮其最大特性，讓它成爲品質最佳的產品。因此對生咖啡豆必須有所了解，且具有慧眼識英雄的獨到眼光才行。

以往我們都將產地名稱與咖啡味道畫上等號，這種太過愚昧的想法實在該好好反省一下。舉例來說，一聽到摩卡，就認爲它是酸味咖啡；哥倫比亞等於甘美醇厚；曼特寧就是強烈苦味的代名詞。這種依據咖啡豆產地斷定味道的自以爲是分類法竟然被廣爲流傳，還延伸出「咖啡豆比例法」——想要偏酸的咖啡口味，可以「50%摩卡+30%哥倫比亞+20%巴西」的比例混合咖啡豆；想要在酸味上多一點點苦味，那就用「30%巴西+30%哥倫比亞+30%摩卡+10%曼特寧」。人們過於迷信這類咖啡豆比例法，反而把煮咖啡當作是在玩拼圖。

事實上「咖啡產地名稱等於咖啡的味道」的說法只是迷思，這點我已在第二章反覆提醒。譬如說摩卡雖被歸類爲酸味咖啡，但酸味會隨著烘焙時間愈長而愈漸消失，反而變成重苦味的咖啡豆。一般而言，咖啡豆烘焙的時間愈短愈酸，愈長則愈苦；我們可由此特性得知，決定咖啡酸味與苦味的是烘焙的程度，強制去定義某種咖啡是酸味咖啡、某種咖啡是苦味咖啡，一點意義也沒有。

我再一次重申，決定咖啡味道的是烘焙程度，絕非咖啡豆的產地。我這麼說不是在否定咖啡豆本身味道的特性，但咖啡豆絕不是天生就有某種特定味道；咖啡豆有味道的不同，是在相同條件的烘焙下，經過比較之後才得知。以哥倫比亞咖啡豆來說，若有人問道：「哥倫比亞咖啡豆是什麼味道？」「就是哥倫比亞咖啡豆的味道啊！」不用說，這種說明方式鐵定讓人難以體會，因此之後皆以烘焙度來表示咖啡的味道，譬如「深城市烘焙」（Full-city Roast）的哥倫比亞咖啡。

■引出咖啡豆風味的烘焙程度

烘焙最難之處，在於停手的最佳時間點；若沒有在最佳時間點停止烘焙，則必定會影響到咖啡豆的風味。業餘玩家不會在乎烘焙結果的好壞，但咖啡專家會試圖一再製作出相同的味道，追求「味道重現」。

停止烘焙的最佳時機，端看烘焙師如何捕捉咖啡豆的特性。該烘焙到什麼程度可不是按個人喜好去決定的。舉例來說，古巴咖啡豆的豆子果肉薄，具獨特的酸味和香味，採中等烘焙（Medium Roast）到高度烘焙（High Roast）左右的中度烘焙，最能去除澀味，並製作出具有無與倫比上等酸味與甘甜香味的咖啡。但若採用法式烘焙（French Roast），味道會變得空洞，咖啡豆也就完蛋了。另一方面，果肉厚、水分含量多的肯亞咖啡豆採用輕度烘焙（Light Roast）或肉桂烘焙（Cinnamon Roast）等淺度烘焙，那咖啡恐怕會酸到難以入口。

不論何種咖啡豆皆可採用淺度或深度烘焙，這點單就技術層面來說並沒錯，但要想發揮咖啡的最佳風味，就得適性挑選適合的烘焙度了。

因此由輕度烘焙（Light Roast）到義式烘焙（Italian Roast），每個烘焙程度我們都要讓每種咖啡豆經歷一次，並且得靠自己的口鼻確認、記下每種咖啡豆在每個烘焙階段的味道，找出最能突顯該豆子特性的最佳時間點。

我常見到有人故意將肯亞或哥倫比亞等果肉厚、水分多的高地咖啡豆淺度烘焙，然後抱怨：「這種豆子酸味太強了！」咖啡豆也有它們適合或不適合的烘焙程度；不適性的烘焙度製作出的咖啡豆想要變得美味，這簡直比登天還難！我在此介紹現在一般普遍使用的八階段烘焙度（現在美國多依據八階段的SCAA「Agtron」法分類烘焙度）。

▲輕度烘焙（Light Roast）／肉桂烘焙（Cinnamon Roast）（淺度烘焙）

此種烘焙度會突顯酸味，因而最近並不受到青睞。「輕度烘焙」（Light Roast）是咖啡豆烘焙到接近第一次爆裂期；「肉桂烘焙」（Cinnamon Roast）是烘焙到約第一次爆裂期中期。這種烘焙度的難處，在於不單要強調酸味，還要除去澀味和皺褶，因此使用少澀味的古巴、海地或者多明尼加等高成熟度、高精製度的加勒比海系咖啡豆最佳。換言之，此種烘焙度最適合果肉薄、水份少的低地咖啡豆，也可適用於熟成兩年以上、乾燥度正好的咖啡豆。

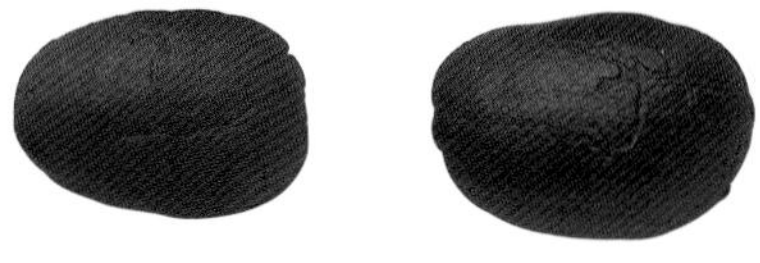

▲中等烘焙（Medium Roast）／高度烘焙（High Roast）（中度烘焙）

「中等烘焙」（Medium Roast）是指咖啡豆烘焙到第一次爆裂期結束時；「高度烘焙」（High Roast）則是烘焙到咖啡豆出現皺褶、香味發生變化時。這種烘焙度適合水分含量少的加勒比海系咖啡豆，或者是採自然乾燥法的巴西咖啡豆。缺乏厚實味道的中低地咖啡豆，要比哥倫比亞或肯亞等具多層次風味的高地咖啡豆更適合這種烘焙度。此烘焙度會讓咖啡豆散發出咖啡該有的味道與香氣。

▲城市烘焙（City Roast）／深城市烘焙（Full-city Roast）（中深度烘焙）

此種烘焙度，讓原本鍾情淺度烘焙的美國人轉頭投靠它，義大利的濃縮咖啡（Espresso）也幾乎改採這種烘焙度。不偏苦、不偏酸，這種烘焙度最能使咖啡展現出多層次的風味。「城市烘焙」（City Roast）是烘焙咖啡豆到第二次爆裂期為止；「深城市烘焙」（Full-city Roast）則是烘焙到第二次爆裂期正好結束的階段。適用曼特寧或夏威夷．可那等特徵強烈的咖啡豆。

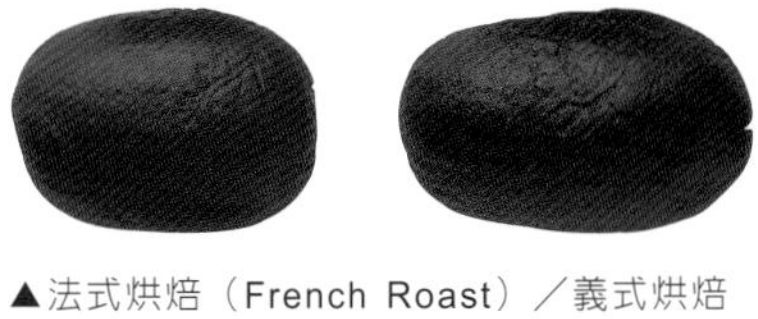

▲法式烘焙（French Roast）／義式烘焙（Italian Roast）（深度烘焙）

「法式烘焙」（French Roast）烘焙是使咖啡豆在黑色中仍帶有一點茶色，而「義式烘焙」（Italian Roast）烘焙則是將咖啡豆烘焙到全黑的狀態。苦味明顯，味道單純，有的豆子還會有煙燻味，適合果肉厚、酸味強的高地咖啡豆，譬如肯亞、哥倫比亞、瓜地馬拉等。義式烘焙雖稱「義式」，然反觀義大利的Espresso其烘焙度卻愈趨淺度，最近更多採城市烘焙或者深城市烘焙。

判斷烘焙程度的SCAA色彩盤。（http://www.scaa.org/index.cfm?f=h）

表15　根據SCAA的「Agtron」法區分烘焙度

Bulk Roast Classification	Agtron Number M-Basic	Color Disk Values
Very Light	100 95	Tile#95
Light	90 85	Tile#85
Moderately Light	80 75	Tile#75
Light Medium	70 65	Tile#65
Medium	60 55	Tile#55
Moderately Dark	50 45	Tile#45
Dark	40 35	Tile#35
Very Dark	30 25	Tile#25

●焦糖化測定器（Agtron），或稱「艾寵儀」是利用紅外線波長測定咖啡烘焙度的光學儀器，此儀器能判讀咖啡豆內部糖分焦糖化的程度，並將之以數據化的方式呈現。此圖表顯示的淺度烘焙到重度烘焙範圍為25～100，但根據SCAA的技術標準化委員認定，咖啡風味的可識範圍實際上為30～90。

3・2 好咖啡與壞咖啡

咖啡的「好喝、難喝」，是個人的喜好，但咖啡的「好、壞」，就能夠明確論斷了。咖啡高手評斷咖啡時應先論「好、壞」，再評「好喝、難喝」。

■烘焙是咖啡加工的「重點」

咖啡的味道，也就是酸味與苦味的品質與幅度、香氣的強度與品質、澀味的有無、醇厚度，再加上霉味、發酵味等缺點，這些都是所謂咖啡的素質，而這些都在生豆階段就決定了。而烘焙則是正確把握各種生豆的可能性，何種程度會扼殺風味，何種程度能有最佳表現，估算能夠產生什麼味道的咖啡，然後根據估算加工生豆。

但是不論估算再怎麼精確，不論使用如何高超的烘焙技術，巴西咖啡豆都不會變成哥倫比亞咖啡豆，有發酵味的豆子都不會變成正常的豆子，就像人類的性格是來自於基因，烘焙不是萬能，僅能在生豆已經具有的特性範圍內調整味道，大家必須先了解這點。

好的生豆（左）與不好的生豆

徹底去除會破壞咖啡味道的瑕疵豆，使用品質一致的完全成熟豆。

雖是如此，但是「烘焙」對於咖啡味道的影響，還是遠大過「研磨」與「萃取」。「研磨」與「萃取」是將「烘焙」後產生的有效成分絲毫不減的移轉到咖啡液裡，與創造味道無關。也就是說，我們無法接觸到生豆生產的過程去改變咖啡的味道，僅能仰賴烘焙爲咖啡加工。

我並不討厭紅茶，但若問我屬咖啡迷還是紅茶迷，我一定毫不猶豫回答咖啡迷。紅茶對我而言較不具吸引力，因爲紅茶是已經發酵過且比例混合好的東西，沖煮紅茶的樂趣只剩下萃取及組合了。但是咖啡卻不同，它還有烘焙這項能夠決定味道的步驟，沒有人會放棄這項樂趣吧！

烘焙過後，烘焙好的咖啡豆就像是調理包食品；咖啡店或超市自烘焙業者那兒買進烘焙好的豆子，我們這些消費者再從咖啡店和超市那兒買來真空包裝的咖啡。已經烘焙好的咖啡豆就失去樂趣了。

我之所以特別在意「烘焙」，因爲除了烘焙以外，咖啡由生產到萃取的所有過程不可能全程注意。烘焙就是不斷反覆地把豆子放入鍋子裡煎的動作。我們必須具有生豆的知識、採購相關的知識、研磨的知識、萃取的技術等等咖啡相關的知識。有些咖啡館或餐廳向業者買來咖啡後，交由其他人烘焙，這樣就學不到這些知識了。

好的烘焙豆（左）與不好的烘焙豆

好的烘焙豆顆粒與色澤皆一致，不好的烘焙豆則有顏色不均、烘焙不均等問題。

■所謂「好咖啡」、「壞咖啡」

愈來愈常聽到我用「好咖啡」與「壞咖啡」兩個字眼。對於不喜歡紅酒的人來說，就算是高級的波爾多紅酒還是「難喝」；同樣的，對於不喜歡酸味咖啡的人來說，就算咖啡發出的酸味是上等的，還是「難喝」。「好喝」、「難喝」這是個人的喜好問題，很難插入客觀的評價。但是，酸敗的葡萄酒與新鮮的葡萄酒相比，新鮮的葡萄酒無庸置疑是「好」的葡萄酒。以「好、壞」來論的話，就能夠有客觀議論的空間。咖啡應該先討論「好、壞」，再判斷「好喝」、「難喝」。那麼，什麼樣的咖啡就做「好咖啡」呢？我提出下面四個判別條件：

1 無瑕疵豆的良質生豆（少有發酵豆與發霉豆等瑕疵豆的生豆，不等於高價的生豆）

2 剛烘焙好的咖啡（咖啡的飲用有效期限，在烘焙後的兩週內最佳。以豆子的方式保存，要沖煮前再研磨成粉）

3 剛研磨好的咖啡

4 剛沖煮好的咖啡

也就是說，所謂「好咖啡」，可以定義爲「優質生豆除去瑕疵豆後，適當烘焙，趁新鮮的時候正確萃取」。

我常看到，若無其事的將剛煮好的咖啡重新加溫後端給客人的店家，也常看到業者將烘焙過的咖啡豆，放置數週後才運送到各店家。這是以健康層面爲出發點，論定它爲「不好的咖啡」。咖啡行家們在提供「好喝」的咖啡之前，應先用心於製作「好」咖啡。「好咖啡」不一定等於「好喝的咖啡」，但「壞咖啡」無庸置疑一定是「難喝的咖啡」。

●關於烘焙度

粗分烘焙度的話，有以下四個階段：1．淺度烘焙、2．中度烘焙、3．中深度烘焙、4．深度烘焙。每個階段再細分為兩個或三個階段，則共計八到十二階段。

巴哈咖啡館的分法是，店頭販售上有4×3＝12，十二個階段；說法上則是「淺度烘焙1、2、3」或者「上、中、下」，也就是「烘焙停止的最佳時期」，這樣說比較容易理解。

「停止烘焙的最佳時間點」位在停止烘焙最佳時期的「中央」，前後各有幾秒鐘的緩衝時間，可以允許過度烘焙或者烘焙不足。要確認「中央」位置，必須將烘焙過程分為三等份1、2、3或上、中、下。

烘焙度分為十二階段是巴哈咖啡館的初級課程，中上級課程必須分出二十四階段的烘焙度。

3・3 生咖啡豆與烘焙的關係

水分多、顆粒大、肉質厚的水洗式生豆較難烘焙，反之則容易。另外，配合咖啡原本的豐富味道而採用中深度烘焙，能夠將其潛力發揮到極致。

■苦味與酸味的平衡

淺度烘焙會使酸味變強，深度烘焙會使苦味變強——這是味道依烘焙度而產生的變化，這個「基本法則」是最單純卻最重要的法則，希望大家要牢牢記住。

我總是希望能用最自然的方式烘焙咖啡，而極力駁斥「酸味強的咖啡用淺度烘焙讓它不那麼酸」的想法。如我開頭所說，烘焙度愈淺，咖啡酸味愈強；因此酸味強的咖啡採用淺度烘焙，咖啡會酸到難以入口。

想透過烘焙技術勉強除去咖啡的酸味確實相當費心，或許對於烘焙者而言，挑戰高難度會讓人有成就感，但這種做法只是白費工夫。淺度烘焙只會加強咖啡酸味，若想要酸度低的咖啡，一開始就該選擇酸味少的豆子。如此一來既能省下烘焙的力氣，亦容易製作出味道穩定的咖啡。

如果只是爲了個人樂趣而烘焙還不要緊，但若是要賣給客人，就必須端出像樣的咖啡了；違逆自然、光是爲了陶醉在自我滿足的技術中是不行的。如果將高人一等的技術用在這種事情上，那就眞的是浪費了。

費盡千辛萬苦終於完成的咖啡，實際端上檯面販賣的話會如何呢？每個月要爲數百公克的豆子進行難以控制的烘焙，這需要相當的毅力與力氣。再加上選擇適合該烘焙度的豆子，能夠製作出味道更穩定的咖啡。不需要特地繞遠路，白費力氣多吃苦頭。這個章節裡面，我將談生豆與烘焙的關係，介紹各種咖啡適合的烘焙方式。

根據開頭提到的基本法則，烘焙度愈深，苦味愈強烈，因此將酸味強的咖啡採深度烘焙，相信應不難理解。所謂咖啡的醍醐味，就是苦味與酸味的平衡。不論何種咖啡豆，皆含有苦味與酸味的成分。可以將這些咖啡分爲酸味重的或是苦味重的咖啡。深度烘焙適合酸味強烈的咖啡，可以減低酸味讓整體味道達到平衡；而淺度烘焙則適合苦味咖啡，能夠讓酸味被釋放出來，緩和過強的苦味，讓味道平衡。

■適合豆子個性的烘焙度

那麼，什麼咖啡會產生酸味？（亦即適合深度烘焙的咖啡）以下是它的特徵：

1 水分含量多的豆子
2 果肉厚實的硬豆
3 當年採收的新豆

並非所有顆粒大的豆子都是酸味強的豆子；扁平且肉薄的豆子酸味較弱，還有新的豆子酸味較強，意即濃綠色的新豆（New Crop，當年採收的豆子）酸味強烈，乾枯（意即庫藏多年）的豆子酸味較弱。依適合的烘焙度來看，乾枯的咖啡豆適合採用淺度烘焙，新採收的咖啡豆適合深度烘焙，才能夠讓咖

表16　生豆與烘焙的關係

	烘焙	
	容易	困難
尺寸	【小】 味道遜於普通大小的豆子 例）摩卡（不規則的豆子）、衣索比亞的水洗式西達摩等	【大】 味道佳 例）哥倫比亞、瓜地馬拉、肯亞等高級品。果肉厚實。常被認為是「味道出不來」的豆子。
厚度※1	【薄】 透熱性佳。 例）中美系、少有多變化風味。 巴西自然乾燥咖啡的水分含量也少。	【厚】 味道醇厚甘美，豆子中央容易因為透熱性差而產生芯。 例）哥倫比亞、瓜地馬拉、肯亞等高級品。如果能將它們正確地烘焙完成，就稱得上是高手了。
含水量	【少】 烘焙費時，故少有烘焙不均。烘焙後豆子色澤會更加明亮。 例）墨西哥與薩爾瓦多的水分含量都比瓜地馬拉少，因此烘焙容易，但味道變化較少。	【多】 烘焙完成後，豆子顏色會開始慢慢變黑，因此必須充分除去水分。容易產生芯。
精製法	【自然乾燥法】 品質差，瑕疵豆與品質不一的情況多。 例）祕魯等咖啡豆多乾燥不均狀況，且容易烘焙不均，少有芯產生。	【水洗式】 品質高，味道穩定。少有外表顏色不均的烘焙不勻狀態，但是容易產生芯。
豆子	【老豆＝庫藏咖啡】 咖啡的味道會隨著時間遞減，另一方面，不好的味道也隨之遞減。 【油性成分少＝揮發成分少】	【新豆＝當年新收成咖啡】 豐富的味道，連瑕疵豆也各具風味。 【油性成分多＝揮發成分多】 因脂質及焦糖化作用更添風味。排氣能力佳，若烘焙設備整體未達平衡，則難以烘焙。不易做出相同味道的咖啡。味道會因烘焙而顯著改變。
成熟度	【佳】 例）南方低地生產的咖啡豆相當容易烘焙，充分熟成，但味道不豐富。 例）加勒比海系，成熟度高，酸味佳且穩定，味道調整容易。（淺度烘焙的藍山）	【差】 多屬未成熟豆，豆子表面滿是皺褶，中央線也彎彎曲曲，相當難以烘焙，也難以重現相同味道。澀味強烈，須仰賴深度烘焙調整味道。 例）高地產咖啡烘焙不易但味道豐富。
樹木品種	枝椏少的帝比卡等老樹種，烘焙容易，味道調節也容易。	卡杜拉、卡杜艾等，不耐日光直射，成熟度低，味道較少變化。
烘焙不均	烘焙不均的狀況一目了然	會產生眼睛不易發現的烘焙不均狀況（產生芯等），難以發覺豆子內外是否皆烘焙均勻。
※2 烘焙方法	大致上採用標準烘焙就能成功	必須注意火力的微調

※1 顆粒大而肉質薄的豆子容易烘焙，顆粒小而肉質薄的則不易烘焙，容易造成烘焙失敗。
※2 品質不一的成因有很多，光是調整烘焙機是不夠的。重點在於根據種類與比例，盡可能採購品質均一的咖啡豆。

啡味道達到平衡，方便調整味道，如此一來，技術與時間才不會浪費。

不過以上所提的皆只是一個標準，乾枯的豆子並非就不能深度烘焙。庫存十年以上的老豆被視爲珍貴的咖啡豆，有些咖啡店將之深度烘焙後再用法蘭絨濾網仔細的萃取。

咖啡中有適合淺度烘焙的豆子，也有適合深度烘焙的豆子。我曾將手上的咖啡豆由輕度一路烘焙到義式，並記錄每個烘焙階段的味道，因而得知每種咖啡豆皆擁有能使之發揮最大美味的最適烘焙度。

接著，適合淺度烘焙的豆子、適合中度烘焙的豆子、適合中深度烘焙的豆子、適合深度烘焙的豆子，依序分類，即可看出它們之間的共通特徵。由此發展出的思考方式，就是第二章中提到的「系統咖啡學」。

譬如說，這裡有古巴、海地、牙買加、多明尼加咖啡豆，仔細看看，它們的成熟度皆高，且精製度無可挑剔，顆粒大，賣相佳，是等級相當高的豆子。要販賣烘焙的豆子，豆子外表是重要的要素。

這些豆子——我稱之為「加勒比海系咖啡豆」——烘焙後不易有烘焙不均的狀況，充分爆裂後豆子膨脹的狀態亦佳。顆粒雖大但肉質薄，因而透熱性佳。顏色會隨著烘焙時間改變，可當作用來觀察烘焙過程的教材豆。加勒比海系豆子的特徵是具有絕佳的延展性，能夠充分膨脹，因此適合淺度烘焙。酸味與澀味少這點也讓它適合淺度烘焙。

一般說來，淺度烘焙容易產生澀味；成熟度高的豆子少澀味。精製度低的產地所生產的咖啡混雜了未成熟的青色豆，容易產生澀味，而且會有刺激喉嚨的味道。加勒比海系的咖啡豆生長狀況佳，精製度高，故淺度烘焙也不產生澀味。淺度烘焙的咖啡也就是適合初學者使用的「入門咖啡」，因此不能太苦也不能太酸，若有難以入口的酸味或澀味，就會讓人想拼命加牛奶與砂糖，而漸漸遠離咖啡的原味。製作美味的淺度烘焙咖啡的訣竅，在於注意咖啡味道不要太過複雜，愈簡單明瞭的味道愈佳。

以下整理了適合淺度烘焙的咖啡（也就是酸味少的咖啡）特徵：

1 少酸味與澀味的豆子
2 柔軟且果肉薄的豆子
3 尺寸與水分含量平均的豆子

水分含量少且果肉薄的豆子通常具有絕佳的延展性能夠充分膨脹。老豆（採收後庫存數年的咖啡豆）適合淺度烘焙也是基於這個原因。

加勒比海系咖啡豆的特徵，是具有容易入口且酸苦平衡的味道。但卻缺乏勁道以及複雜洗鍊的味道。若希求多層次且複雜的味道，就必須進入更高層的中深度~深度烘焙的世界了。

最能夠讓咖啡豐富的風味與香氣得以發揮的烘焙度就是中深度烘焙。深度烘焙會產生較強的煙薰味（焦味），而扼殺咖啡的甘甜香味。

適合中深度烘焙的咖啡是個性強烈的咖啡豆。例如曼特寧、摩卡瑪塔利、夏威夷可那這些個性派的豆子。其他還有中美州高地產的瓜地馬拉、墨西哥高地產的咖啡豆，以及哥倫比亞、坦尚尼亞這類果肉厚、酸味強的豆子。咖啡豆中的成分會隨烘焙度愈深而愈減，低地產的薄果肉咖啡豆原本就少的成分會更加稀薄，因此中深度~深度烘焙適合高地產的厚果肉咖啡豆。它的豐富口感不受較深烘焙度的影響。

淺度烘焙到中度烘焙的階段，咖啡豆的味道相當有個性，

淺度烘焙的基準咖啡——古巴水晶山

中度烘焙的基準咖啡——巴西水洗式

中深度烘焙的基準咖啡——哥倫比亞特選級

深度烘焙的基準咖啡——祕魯EX

而太過有個性也正是它們的缺點。中深度以上烘焙的咖啡濃度較低且較無個性，中深度烘焙的咖啡豆味道較深度烘焙的豆子厚重。深度烘焙的咖啡豆味道清爽單純也較無個性。我最推薦肯亞、哥倫比亞、高地產的瓜地馬拉這些厚果肉咖啡豆。

■當作味道基準的咖啡

對於四個主要烘焙度，巴哈咖啡館有各自的味道基準咖啡。訂下這四個味道基準咖啡，在教導工作人員調配味道時，就能有一個共同的味道標準，告訴他們要比這個基準再酸一點或者再苦一點。以下是各烘焙度的味道基準咖啡：

●淺度烘焙──古巴水晶山
●中度烘焙──巴西水洗式
●中深度烘焙──哥倫比亞特選級
●深度烘焙──祕魯EX

中度烘焙以古巴咖啡豆爲基準也可以，但巴西咖啡的味道平順，因此更適合。味道變化的幅度愈小，就算味道有所變動，改變的幅度也只是在狹小的範圍內，較容易調整。各烘焙度的基準味道盡可能都選用味道平順的咖啡，以控制其味道變化的幅度。

讓舌頭習慣咖啡，就能像測量儀一樣能夠判斷咖啡的味道，嘗試的範圍也能夠由淺度烘焙往深度烘焙挑戰；不可一步登天，要一步步確實前進；不斷反覆試飲淺度烘焙咖啡後，自然會想試試更濃厚的咖啡，順應自然的步步嘗試，如此一來咖啡人口就能著實增加。

●關於炭火烘焙咖啡

據說炭火烘焙的咖啡會有炭的香味，能夠烘焙出相當美味的咖啡。這是真的嗎？高溫加熱的氣體中擁有的成分與香氣不可能移轉到咖啡豆上面，因此除非炭火的炭灰沾到咖啡豆上，否則咖啡不可能有炭火的香味。

因此炭火咖啡會成為一股潮流，有其他的原因。之一是因為炭火燒烤的食物總給人美味的印象，廠商模仿蒲燒鰻魚以及串烤秋刀魚，製作出炭火烘焙咖啡。鰻魚用炭火烤過相當好吃，但咖啡就不是如此了。另一個原因可能是因為採用炭火烘焙，可以高價販售。其他原因還有炭火烘焙機較小型，操作便利，可長保豆子新鮮；還有採用深度烘焙，可以平衡酸味與苦味，提昇香氣，這是小規模自家烘焙店可以做得到的，因而「炭火烘焙咖啡，是大規模咖啡製造商為了對抗自家烘焙咖啡店而採用的苦肉計」。

3・4 挑戰手網烘焙

烘焙初學者可採用手網烘焙，火力的調節比較自由，亦能方便觀察豆子顏色的變化。使用機械烘焙之前，可先熟悉手網烘焙。

■手網烘焙的建議

喜歡蕎麥麵的人會想要自己製麵；同樣的，喜歡咖啡的人，不會滿足於買現成豆子自己萃取，甚至會想涉足「烘焙」的領域。如果你不相信可以上網看看，你可以發現網路上有許多專業、業餘交雜的烘焙教學網頁。

其中最受歡迎的是初學者也能挑戰的手網烘焙網頁，更有些人瘋狂到開發防風型的瓦斯爐以及冷卻風扇。這些網站皆蘊藏了每個人不同的經驗，有著百花爭妍的雅趣。

手網在五金店與家用品店是當作「銀杏炒網」販售，或者亦稱作手工烘焙器（Hand Roaster）。可別小看手網烘焙，手網烘焙能夠享受烘焙的樂趣，更是躍升正統機械烘焙的入門。

手網烘焙最大的優點就是能夠除去煙霧，煙霧沒有去除的話，咖啡會有煙薰味。

有些被稱作名店的自家烘焙店所販賣的咖啡豆採用完全密閉的滾筒式烘焙機，這些店家的豆子一開封立刻就會聞到撲鼻的煙薰味，就連初學者都知道這是因爲烘焙機的構造與排煙設備不良的關係，咖啡豆會有煙薰味也是理所當然。

但是手網這種最原始的道具，卻能夠避免煙薰味的錯誤。手網烘焙看來似乎不太專業，但卻能夠烘焙出最美味的咖啡豆，不用擔心。手網烘焙能夠充分去除煙霧，還能自由調整火力，更能夠方便觀察豆子烘焙過程中外表的變化。光是方便觀

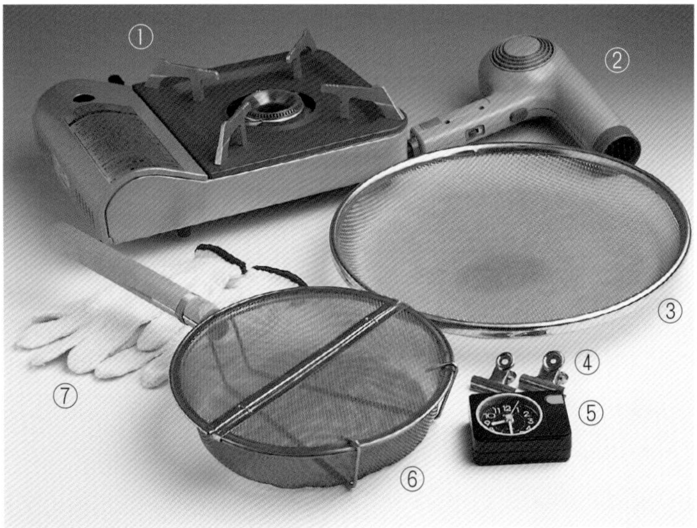

手網烘焙的工具
①家用的簡易型瓦斯爐
②冷卻用的吹風機
③冷卻用的金屬簍子
④固定手網蓋子的夾子
⑤計算烘焙時間的小時鐘
⑥直徑23公分、深5公分的手網
⑦粗布手套

察這點，就讓手網成爲無可取代的烘焙器材。

那麼用平底鍋與陶瓷烘焙器如何呢？這些道具仍有許多不適用的缺點。陶瓷烘焙器原本是放在火盆上煮大豆或銀杏的工具，拿來烘焙咖啡似乎有些不適用。它在去除水分這點上表現不錯，但是卻不是各種烘焙度都適用；再者，要烘焙至法式～義式的階段，火力必須再增強，但陶瓷烘焙器原本就是用於小火慢煮，無法耐強火，因而勉強適合用於淺度烘焙。

而平底鍋或者中式炒鍋也有弱點。烘焙咖啡豆時，爲了防止烘焙不均，必須不斷翻動豆子，而鍋底平坦的平底鍋會讓豆子的某一面持續停留在鍋底，無法每面平均受熱，容易產生煎焦或烘焙不均。

再加上平底鍋與中式炒鍋等都重一公斤以上，就算再怎麼對自己的體力有自信，要二十分鐘持續以相同的節奏翻動豆子還是太困難了。另外，剛開始烘焙的時候銀皮會脫落，使用鐵鍋的話銀皮就會留在鍋子表面，如此一來就難以判斷豆子的狀態了。

但並不是所有的鐵鍋都不適合當作烘焙工具；同樣是鐵鍋，但重量輕、翻動容易、底部呈圓形者就可以。現在我正使用來自朝鮮半島的鐵鍋（直徑21cm×深7cm×厚度1mm、重490公克）製作深度烘焙咖啡，它比手網更容易讓豆子膨脹，唯一的缺點就是必須不斷以長筷子或是木鏟翻動。

■手網烘焙的道具與生豆

手網烘焙的道具如下：

◎手網（直徑23cm×深5cm。五金行與家用品店等地方常當作「銀杏炒網」販賣）
◎家用簡易瓦斯爐（戶外專用的防風瓦斯爐也可以）
◎冷卻專用的吹風機
◎冷卻專用的金屬簍子
◎夾子2個（用來固定手網蓋子）
◎粗布手套
◎小時鐘（計算各種烘焙度花費的時間）
◎生豆（150公克左右）

道具準備齊全後，接下來就來烘焙生豆吧！首先，有的生豆容易烘焙有的則否，這些我曾在「系統咖啡學」中不斷重申。我再提醒一次，外表偏白色，生長良好的薄果肉豆子（A型豆）較容易烘焙，加勒比海系的古巴、多明尼加、海地、牙買加，還有中南美系的尼加拉瓜、薩爾瓦多等都屬此類。

相反的，果肉厚、水分多、顆粒大小不均的咖啡豆烘焙不易，中南美系的高地產瓜地馬拉就屬此類。其他還有哥倫比亞、坦尚尼亞、肯亞等高地產的硬豆。因爲容易烘焙不均且產生「芯」，對於初學者而言是烘焙難度高的咖啡豆。以水分含量來看的話，自然乾燥的豆子與庫藏的乾燥豆子容易烘焙。自

手網的搖動法

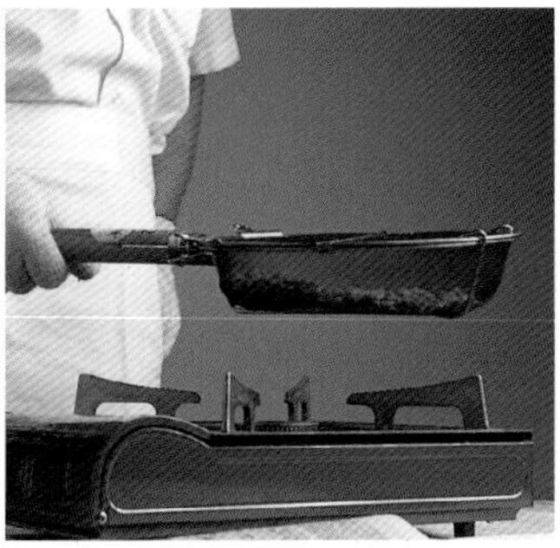

①手網底部與爐火平行，按一定的節奏前後搖晃。火力為中火。一開始手網離火遠一點，花時間慢慢烘焙。

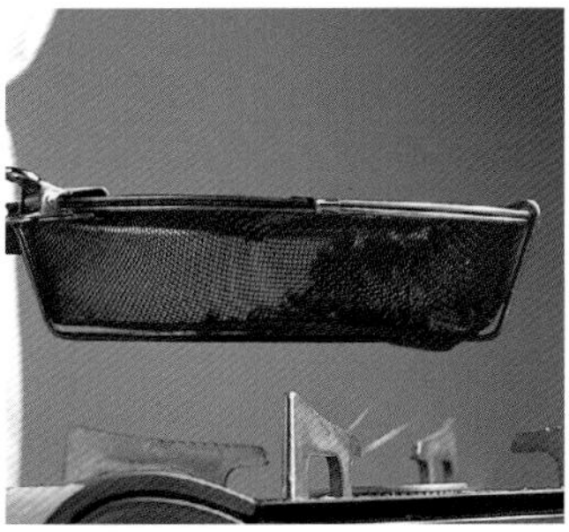

②手網保持在距離爐火十到十五公分處，火力轉為較強的中火，以畫橢圓的方式搖晃。

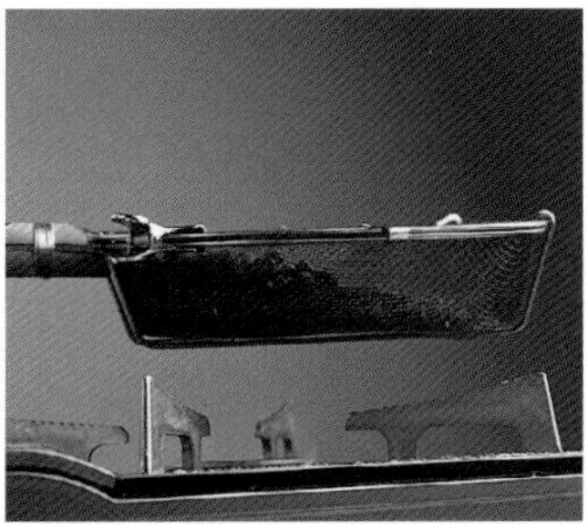

③讓咖啡豆整體平均受熱，注意底部的豆子容易烘焙不均。手網搖晃的速度約一分鐘一百二十次。

然乾燥的豆子瑕疵豆多，因此必須有費心手選的覺悟。

烘焙時間根據烘焙度而不同，大致說來，淺度烘焙到深度烘焙的時間標準大約是14～24分鐘左右；烘焙時間會依所選的生豆而改變，水分多的深綠色系豆子費時較長，大顆粒豆子當然又比小顆粒豆子要花更長的時間。

■手網烘焙的秘訣

火力固定在較強的中火即可；如果像煮飯一樣，先用小火，再用強火，最後中火，會造成烘焙不均。火力調整或許可以煮出美味的飯，但手網烘焙時火力必須固定。固定火力的強度後，再根據火力強度調整手網與火焰之間的距離。

手網的位置與瓦斯爐的爐火保持平行，稍稍上下晃動，不要讓豆子滾動。原本手網烘焙就存在很多會造成失敗的不確定因素；例如手腕因爲不斷以相同頻率搖晃手網，雖然頭腦知道，但持續晃動二十分鐘，手腕也會因爲疲勞而開始亂了節奏造成烘焙失敗。當然可能造成失敗的變數不只這一點，因此我們先「固定火力」，才方便找出其他可能造成失敗的原因。

即使固定了火力，十之八九的初學者仍然會有烘焙不均的狀況；這也是理所當然的。每顆咖啡豆的形狀、大小、水分含量皆不同，而搖晃手網的方法又因人而異，剛開始總會失敗，無須悲觀。就算表面有些烘焙不均，但只要熱能有到達豆子中心，使豆子充分膨脹，這樣的咖啡還是遠比市面上販售的劣等咖啡美味。咖啡的新鮮度就足以蓋過烘焙上的小缺點。

要避免表面烘焙不均，首先必須「去除水分」。生豆大抵都會有顆粒大小、果肉厚度、水分含量等不一致的狀況；只要不是使用上級品的咖啡，手選的步驟就不能省略。顏色與形狀等外觀的差異還容易分辨，眞正困難的是外表看不出來的咖啡豆內部含水量的差異。忽略這點而逕行烘焙的話，會造成表面烘焙不均、內外烘焙不均，讓咖啡味道明顯劣化。

因此我們必須先假定所有的咖啡豆皆含水量不均，爲了消除這種狀況我們必須花點功夫去除水分。採用手網烘焙時，在第一次爆裂開始前十分鐘，要將手網與火保持一段距離，慢慢過火烘烤，讓水分蒸發，消除含水不均的情況。當然機械烘焙也能除去水分，我個人稱之爲「蒸」；關上制氣閥，以小火緩緩脫去水分。生豆開始脫水時會發出腥味，豆子變成黃色時，味道自然就消失了。我再重複一遍，請記住，咖啡豆的烘焙「一開始的十分鐘是用來脫去水分的時間」。

剛接觸手網烘焙時，可先以淺度烘焙練習，熟練後再嘗試更深的烘焙度。判斷烘焙停止的時間不光是看豆子的「顏色」，還要聽豆子的「聲音」。不論是手網烘焙或是機械烘焙，豆子都會經歷兩次爆裂期；爆裂能讓豆子膨脹變大。

第一次爆裂結束時就是中等烘焙；第二次爆裂結束

古巴豆的手網烘焙

時就是深城市烘焙的結束。不管你如何喜歡淺度烘焙的咖啡，也不能老是只烘焙到第一次爆裂期之前就停手。因爲此時豆子還未充分膨脹，中心大多都還未烘焙到。中央有「芯」的咖啡會產生澀味與刺激味。至於烘焙停止的訣竅，我將在第四章中詳細說明。

手網烘焙的步驟（例：古巴）

①將生豆放入手網中。開始先緩緩加熱，像要將豆子全部的水分甩除般的搖晃手網。

②水分愈少，豆子愈白。手網稍微靠近爐火烘焙，聽到恰恰聲時，表示碎屑開始掉落了。

③顏色由黃色要轉成褐色。碎屑幾乎不再出現，但聞起來還是有青草味。手網晃動的速度稍微加快。

④豆子變成茶色，芳香的味道出現。差不多要進入第一次爆裂期了，手即使疲也不能休息。

⑤在第十五分鐘左右開始第一次爆裂，會發出啪嘰啪嘰的聲音。第一次爆裂後變化急速，馬上就進入第二次爆裂。

⑥第二次爆裂由開始到結束大約二到三分鐘。照片中是剛過第二次爆裂期的頂點，也就是深城市烘焙階段。

⑦豆子表面完全呈黑色，開始炭化。這階段是所謂的義式烘焙，土耳其咖啡等常使用此烘焙度的咖啡豆。

⑧冷卻約需三分鐘。成功與否可將豆子切開判斷；豆子內外顏色相同表烘焙成功，出現兩層顏色表有「芯」產生。

3・5 綜合咖啡的技術

製作綜合咖啡不是依據咖啡的「產地名稱」，而是「烘焙度」。另外，基本的組合比例也可改變咖啡的味道。

■綜合豆配比的迷思

過去製作綜合咖啡有些奇怪的公式，其中一種叫做「混合的黃金比例」，提到正確組合哥倫比亞曼德林（Medellin）、摩卡瑪塔利、巴西聖多斯，就能做出味道調和的咖啡。

另外一個公式是將能夠產生優質苦味的配角——爪哇羅布斯塔以百分之二十到三十的比例加入前述的咖啡中，能夠使咖啡呈現更好的味道。還有以有個性的一級品突顯平凡的二級品的做法。所謂有個性的一級品，我想指的是摩卡或曼特寧，而綜合咖啡最常使用二級品或者羅布斯塔。這不知該說是無知或是隨便。

要做出「偏酸的綜合咖啡」或者「偏苦的綜合咖啡」也有一套固定公式；前者是50％摩卡＋30％哥倫比亞＋20％巴西，後者是30％爪哇羅布斯塔＋30％巴西聖多斯＋20％哥倫比亞曼德林＋20％摩卡哈拉。這些都是以價格便宜的羅布斯塔種咖啡爲主體的比例公式。

這些公式現在想來相當單純，因爲三十年前日本的咖啡業界仍在發展中，生豆相關的知識與烘焙技術皆還在不成熟的階段，因此相當迷信「羅布斯塔等於好苦味」、「摩卡等於酸味」這些說法。

我前面已經提過了，混入20～30％羅布斯塔的綜合咖啡是「不好的咖啡」；摩卡雖偏酸味，但可依烘焙度的深淺讓它變成苦味咖啡。重要的是「烘焙度深淺對味道的影響，遠大於產地與產地名稱造成的味道差異」，以往的咖啡學大都漏提了這點。

■綜合咖啡創造全新的味道

日本自家烘焙店的特徵，在於多數都販售單品咖啡；巴哈咖啡館平日也會提供三十種以上的單品咖啡。每種咖啡豆都有類似祕魯迷或者蒲隆地迷這類忠實的支持者。依據不同產地品味該地的特產咖啡，這種單品咖啡文化恐怕只存在於日本，歐美的咖啡文化是以綜合咖啡爲中心，沒有像日本這種飲用單品咖啡的習慣。

但日本的單品咖啡愛好者或許仍屬於少數派，現在以巴哈咖啡館實際的業績看來，有六成是綜合咖啡（一般咖啡店大概有九成以上吧！），綜合咖啡已然成爲咖啡店菜單上的主要角色。

不論過去現在，綜合咖啡講究的都是味道平均；也就是將南美系咖啡加上非洲系咖啡再除以二，綜合咖啡不喜歡用同系列咖啡調製，而多採不同系列咖啡排列組合後找出平衡點。嚴格說來，即使同爲南美系咖啡，也包含了各種不同咖啡，把它們都歸類爲南美系是爲了比較方便，單看南美系咖啡的其中一種是沒有意義的。

綜合咖啡的目的不單是在平均、調整味道，創造出醇厚度超越單品咖啡的新口味，這才是綜合咖啡的眞髓。單品咖啡的目的在於引出咖啡本身的個性，而綜合咖啡的目的在於，將這些具有個性的豆子經過組合後調配出新的味道。組合的方式不是憑感覺或者個人喜好，必須以數學與化學方程式的邏輯計算爲依據。

■綜合咖啡的製作手法

在具體說明如何調製之前，有一件事希望讀者做到，就是請先將腦中的「巴西聖多斯」、「夏威夷可那」等產地名稱徹底消去，接著在腦中記得，「決定咖啡味道最大的因素是烘焙度而非產地名稱」。

我再說一遍，「摩卡擁有優質的酸味，有這樣那樣的味道」這種說明不夠充分。的確，摩卡被稱做是酸味咖啡，但那只限於特定的烘焙度才能讓它釋放出豐富的酸味與香氣，並非任意烘焙度都做得到。

亦即「淺度烘焙的摩卡是這樣的味道，但中深度烘焙的摩卡卻是那樣的味道」，這是首度以烘焙度定義摩卡咖啡豆的味道。產地名稱對咖啡味道的影響程度還遠遠排在後面。我們太長的時間都被「摩卡吉力馬札羅」這樣的產地名稱給困住。烘焙度對咖啡的影響遠大於產地名稱，首先要有這樣的理解，才能了解接下來的綜合咖啡製作手法。

綜合咖啡有各式各樣的製作方式，可以說有多少綜合咖啡製作者存在，就有多少種製作方式。雖然綜合咖啡可以挑戰無限的味道創意，但我一再強調「味道重現」的重要性，排斥製作無法再被重現的味道，盡可能追求單純的組合。以下我舉出適合初學者使用的綜合咖啡製作基本原則。

1 烘焙度一致
2 以等比例組合為基礎
3 僅用三到四種咖啡豆調配

第一個原則提到的烘焙度，巴哈咖啡館爲了強調烘焙度不同的特性，特別爲四大烘焙度各準備一種綜合咖啡。四大種類的咖啡產地名稱及組合比例如下所示（請參考照片）。

●溫和順口咖啡（以三種淺度烘焙咖啡組合）
巴西２（C型）
古巴２（B型）
尼加拉瓜１（B型）

●清新明亮咖啡（以三種中度烘焙咖啡組合）
巴西２（C型）
尼加拉瓜１（B型）
巴拿馬１（A型）

●巴哈咖啡（以四種中深度烘焙咖啡組合）

●關於自然乾燥法

在咖啡生產國能夠看到許多咖啡豆乾燥廠，有的是日曬乾燥式，有的是機器乾燥式，還有利用階梯狀一層層的棚子乾燥。代代傳承的咖啡莊園雨季與乾季的分界相當明顯，採收時期正好是乾季。

並非只有非水洗式與半水洗式咖啡豆採取日曬乾燥，水洗式咖啡豆也常利用日曬乾燥。我個人認為日曬乾燥的咖啡豆比起機器乾燥的豆子有透熱性佳，且烘焙平均的特性。

不論是米、魚干、甚至是高級的烏魚子等，都是日曬乾燥的比機器乾燥的美味，咖啡亦是如此。日曬乾燥的食物甘美味會稍稍不同。日曬乾燥的咖啡豆中央線焦黑，這是判別豆子是否為日曬乾燥的重點。

巴西１（Ｃ型）
哥倫比亞１（Ｄ型）
瓜地馬拉１（Ｄ型）
新幾內亞１（Ｄ型）

●義式咖啡（以三種深度烘焙咖啡組合）

巴西２（Ｃ型）
肯亞１（Ｄ型）
印度１（Ｂ型）

雖然我不想使用摩卡咖啡、藍山咖啡等說法，在此爲了方便起見，還是以產地名稱列表，理由前面提過，應該要將咖啡的烘焙度與類型列在產地前面，例如「淺度烘焙的ＢＢＣ咖啡」、「深度烘焙的ＢＣＤ咖啡」等。

■烘焙度一致的綜合咖啡

如同原則1所說的，綜合咖啡的烘焙度應該盡可能一致。也有人提出不一致的烘焙度能讓咖啡更有層次感，但初學者應該先將力氣花在統一烘焙度上。光是要統一數種咖啡豆的顏色就相當費時耗力需要技術了。要進階高難度的技術，可以在學會正確停止烘焙之後。

以不同烘焙度組成一杯綜合咖啡，這並非什麼嶄新的嘗試，我過去也曾多次試驗過，得到的結論是，我似乎故意用烘

●談談產地咖啡

咖啡生產地的人們應該是對咖啡最熟悉的吧？答案是否定的。咖啡對於咖啡生產者而言，只是帶來財富的作物罷了；優質的產品就出口，劣質的產品就留著自己喝。而所謂的咖啡鑑定師，只知道用來試飲的咖啡，對於咖啡真正的美味一無所知。

再者，不論哪個國家的咖啡鑑定師都只喝過自己國家的咖啡，沒喝過其他生產國的產品，甚至對於咖啡消費國是如何喝咖啡皆不甚了解。日本則是將世界各國的咖啡以各種不同的烘焙度烘焙、飲用。我某次拜訪某個咖啡生產國時，將該國的咖啡以最適合的烘焙度烘焙後請當地人試喝，他們相當驚訝自己國家的咖啡竟能發出這樣的味道。咖啡生產者等於咖啡通，這只是迷信罷了。

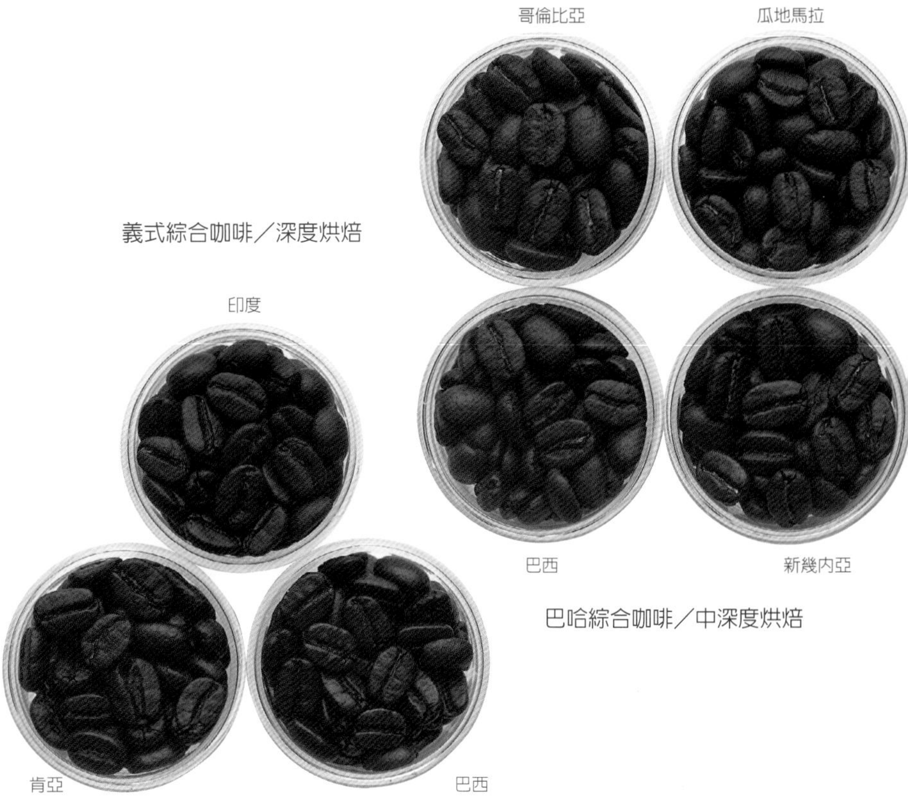

義式綜合咖啡／深度烘焙

巴哈綜合咖啡／中深度烘焙

焙失敗的豆子做咖啡。這樣的咖啡喝一口就會發現，其中的咖啡成分有著各自的個性，無法做出渾然一體、具有統一美味的調和咖啡。綜合咖啡的眞正價值就在於「調和之美」。每種咖啡個體原本就不一定會彼此相合的。

以不同烘焙度的咖啡組成一杯綜合咖啡，此話一出，立刻就有反駁：「那麼單品咖啡也算是一種綜合咖啡了！」

譬如巴西咖啡豆，烘焙前經過手選步驟，仍會有尺寸、形狀、水分含量等的微妙不同，把這些豆子放入同一個鍋子中烘焙，當然會有的烘焙較快，有的烘焙較慢。這種情況不只是巴西咖啡豆才有。

雖然如此，在最佳烘焙時間點停止烘焙，豆子外觀顏色看起來或許還是一樣，但仔細觀察的話，一定會發現其中的不一致。烘焙停止的時間（我稱之爲最佳時間區）僅僅幾秒的差異就會造成烘焙度些微的不同。

但是只要烘焙停止時間在最佳時間區內，無須在意每顆豆子微妙的烘焙差異（顏色上看起來幾乎一樣）。也就是說，單品咖啡並非用不同種類的豆子製作，而是用相同種類但烘焙度有著些微差異的豆子。

這樣想來，你就可以理解統一烘焙度這點有多困難，小小的差錯集合起來會變成很大的差錯；烘焙度不同，對於萃取速度也會有影響。結果會製作出味道不調和的咖啡。

■製作綜合咖啡的基礎是等比例的組合

烘焙度統一後，接下來就是「等比例」的組合。在巴哈咖啡館的四種綜合咖啡中，以等比例調和的是最受歡迎的巴哈綜合咖啡。事實上每種綜合咖啡皆是以等比例組合爲基礎衍生而成。

將複雜的調和比例忘掉，每種豆子均用等比組合，因爲豆子比例都相同，組合時能夠自由自在，味道的微調也變得相當簡單，等比組合咖啡豆的好處就在於此。

舉例來說，中深度烘焙的巴哈綜合（哥倫比亞、巴西、瓜地馬拉、新幾內亞）並非每次都能調出相同的味道，必須要做些微的調整。遇到這種情況，首先是將每種咖啡豆用量匙一匙匙地舀取混合，萃取出的咖啡要試味道。假設新幾內亞咖啡的苦味稍微突出時，就要降低它的烘焙度，而提高哥倫比亞或者瓜地馬拉的烘焙度。若這樣還是沒用，就將比例的份量稍微變更，每種成分的咖啡基本上爲十公克。但是若採用「４：３：２：１」這種複雜的比例，要調整味道就不像等比例組合那麼容易了。

巴哈咖啡的綜合一開始也是用等比例的組合，但有時會發生咖啡豆新舊不同的情況；就像蕎麥麵，一到秋天就全都換成新採收的蕎麥，那麼咖啡何不就都換成新採收的生豆呢？這是因爲即使同爲咖啡帶，但赤道南北邊的採收期各異，有時因爲生產國內的庫存調整等原因，新豆到手的時間已經是數個月之後了。

新豆的味道充滿野性且濃厚，製作成綜合咖啡時味道相當明顯，因此要將它雙重烘焙（請參照１００頁），即可減輕味道，與其他豆子調和。

綜合咖啡的優點在於味道穩定（單品咖啡味道每年都會改變），但若遇上需要些微調整時，可以參照以下的順序：

１ 改變烘焙度
２ 雙重烘焙
３ 改變組合比例
４ 改變咖啡豆的產地
５ 改變萃取方法

１的主要目的在於調整味道的酸苦（淺度烘焙則酸味強，深度烘焙則苦味強），２的目的在於去除澀味，減輕過於突出的味道。調整味道以１的效用最大，光是稍微改變在最佳烘焙時間帶內的烘焙度，味道都會產生很大的不同。若是改變了１和２還是不夠，就試著改變咖啡豆的組成比例。如果咖啡是用等比例的組合，就能夠輕易做調整。

還是不行的話，就改變咖啡的產地。雖然如此，不是隨便換一種咖啡豆就可以；如果用Ｄ型的肯亞替換Ａ型的巴拿馬，

表17　巴哈咖啡館的四種綜合咖啡

綜合咖啡	豆子	類型	比例	烘焙度
◎淺度烘焙（溫和順口）	古巴	B	2	（淺）
	巴西	C	2	（淺）
	尼加拉瓜	B	1	（淺）
◎中度烘焙（清新明亮）	巴西	C	2	（中）
	尼加拉瓜	B	1	（中）
	巴拿馬	A	1	（中）
◎中深度烘焙（巴哈綜合）	哥倫比亞	D	1	（中深）
	瓜地馬拉	D	1	（中深）
	新幾內亞	D	1	（中深）
	巴西	C	1	（中深）
◎深度烘焙（義式綜合）	巴西	C	2	（深）
	肯亞	D	1	（深）
	印度	B	1	（深）

※以巴西為基礎的豆子有不同烘焙度的區分。

則整杯咖啡的味道會更糟。就像「系統咖啡學」中提到的，以同類型的咖啡替換爲原則。

最後一步是改變萃取方式。藉由改變咖啡豆的研磨方式、水溫、水量調整咖啡味道，但千萬不要期待過大，因爲「即使調整後一個步驟，也無法變更前一個步驟造成的結果」。

■綜合咖啡用的豆子要有三到四種

豆子種類控制在三到四種即可，這點很重要。曾經有一段時期流行曼特寧加上摩卡、巴西配上墨西哥，這類以兩種咖啡豆製作的綜合咖啡。這種組合方式相當不利於味道重現。

只選用兩種豆子等比組合，則每種豆子各發揮50％的個性，但若是其中一邊豆子是劣品，則調和失敗的機率也就高達50％了。如果以三種組合的話則機率就是33％，四種就是25％，也就是說組成的豆子愈多，失敗風險相對愈低，咖啡風味也就愈穩定。但另一方面，豆子種類過多，咖啡的味道就會變得單薄缺乏個性；這樣一來，就製作綜合咖啡的目的來看，就失去了創造新味道的意義了。因此結論是，組合的豆子選用三到四種即可。

●關於生豆的採購

關於生豆的採購，過去與現在有著天壤之別，現在生豆的選購當然方便許多。自家烘焙還不算是市場主流那段時期，只算得上是個人樂趣，點心就向糕餅店購買，若不好吃，就自己製作。

之所以說是個人興趣，因為材料費過高以致沒有利潤。現在則是日幣升值，進口價格便宜，獲利沒問題，過去日幣沒那麼值錢，再加上還有關稅的問題；還有一點就是自家烘焙店沒法自己選擇想要的豆子，咖啡豆的總代理進口什麼豆子就只能買什麼豆子。就算我們指定想要某種豆子，代理店也會以該豆一年只有200-400的產量，拒絕我們的要求。也就是說代理商全權主導生豆的種類。

現在則是你要在國際拍賣網站上買二、三十袋都沒問題，連代理商所沒有的高級品都能夠買得到。失去主導地位的咖啡豆代理商現在也開始少量進口高級咖啡豆。現在想想，從前咖啡豆難以得手的狀況恍若隔世。

第4章

用小型烘焙機烘焙

抓住手網烘焙的訣竅後，接下來就是學習以烘焙機烘焙的秘訣。咖啡味道的好壞取決於烘焙。在這章我將公開正統派的烘焙法與珍貴的相關資料。

烘焙機主要分爲「直火式」與「熱風式」，還有兩者的變形「半熱風式」。熱源有瓦斯、電、木炭等各式各樣的來源，配合用途與目的，選擇適合自己的烘焙機吧！

■烘焙機的種類

烘焙機是由三部份構成，放生豆進行烘焙的「滾筒」、使其燃燒的「燃燒器」（Burner）、調節排氣筒（煙囪）空氣量的「制氣閥」（Dámper）。通常還附有「冷卻機」，讓烘焙完成的豆子立刻冷卻的構造。其他還有與烘焙機排氣導管相連的「集塵機」，是用來收集微塵碎屑和銀皮的機器。以上是烘焙機主要的各部構造與功能。

烘焙機的熱源有瓦斯、電、炭、紅外線、煤油等。烘焙最重要的就是如何控制燃燒溫度。其中最適合的是瓦斯加熱式烘焙機。接下來是題外話。有段時期炭火烘焙相當流行；炭火比瓦斯（約1300℃）的燃燒溫度高（約3000℃），再加上加熱後產生的氣體不含水分，因而被認爲是最適合用來將生豆脫水的熱源。

但是炭火烘焙的咖啡竟然與蒲燒鰻魚並列高級料理，這眞是大錯特錯。瓦斯與炭火烘焙出的味道並沒有太大差異；炭火烘焙後會產生美味且高級的咖啡，這眞是一點根據也沒有，更別說還誤以爲炭火的香氣會轉移到咖啡豆上面。根據量子力學的概念（Excitation），高溫加熱氣體中的成分與香味絕不可能轉移到豆子上。如果說咖啡豆上會有炭火的香氣，那也只是因爲炭粉覆蓋其上的關係。

接下來，烘焙機大致分爲下列三種方式：

1 直火式
2 半熱風式
3 熱風式

1的直火式烘焙機是將生豆放進有孔的滾筒中，再以瓦斯燃燒器的火直接接觸豆子。2的半熱風式烘焙機則是滾筒以鐵板包覆，由滾筒後方送進熱風，使豆子不直接接觸火的烘焙。3的熱風式烘焙機是另闢燃燒室，熱風透過導管由滾筒後方與側面送入。咖啡製造工廠等所使用的一百公斤規模大型烘焙機幾乎都屬此類。

比較特殊的3先放一邊，我先比較1直火式與2半熱風式的不同。

●直火式——咖啡的味道與香氣容易直接產生。機器構造單純故不易故障。豆子直接接觸火焰，表面容易著色，但有時熱力會到不了豆子中心。豆子容易煎焦，深度烘焙會產生煙薰臭味。豆子膨脹狀態稍差，難以烘焙出味道平衡的咖啡。

●半熱風式——豆子不直接接觸火，故不易產生芬芳的香氣。味道清新明亮且均一。烘焙操控容易，讓水分多的新豆等容易烘焙。豆子膨脹狀態佳。

每種機種都各有所長，無法一概而論何者較佳。只要謀求烘焙室的進氣量與煙囪的排氣量整體上的平衡，烘焙好的咖啡就不會產生過大的味道差異。順帶一提，巴哈咖啡館使用的是

「富士皇家」（Fuji Royal）的半熱風式烘焙機。

■新型烘焙機

但是小型烘焙機存在著各式各樣的問題，譬如說，「容易受外在空氣影響」、「難以微調味道」、「容易烘焙不均」等。解決這些問題正是我畢生的夢想。因此我與位在岡山的大和鐵工廠共同開發新型烘焙機「名匠」（Meister）（五公斤用與十公斤用兩種）。

採用雙重斷熱外層解決外在空氣溫度的影響，再加設一個制氣閥更大範圍地調節排氣量，讓穩定的烘焙可以實現。另外在滾筒內部的攪拌葉片進行改良，讓該機器可以做到均一攪拌以及充分排氣。

「名匠」是電腦控制的烘焙機。事前要先將烘焙需要的資料輸入，由放入生豆開始到第二次爆裂期結束都可以自動烘焙。但並非全自動烘焙，一開始可以採用手動烘焙，或是只有烘焙結束時才切換手動烘焙。這樣才能讓高手得以充分發揮高超技術。

最近為了確保完全排氣，有的人增加燃燒器的數量，或增設排氣風扇，但這並不能解決根本上的問題，反而增加不必要的成本。

光是日本廠商製造的小型烘焙機（一到十公斤）就有一公斤用、三公斤用、四公斤用、五公斤用、八公斤用、十公斤用等。建議讀者配合用途、機能、烘焙量、自然條件等選擇最合適的機種。機種選擇錯誤，會造成時間與金錢的浪費。

烘焙機的空氣動線（直火式）

圖- 4

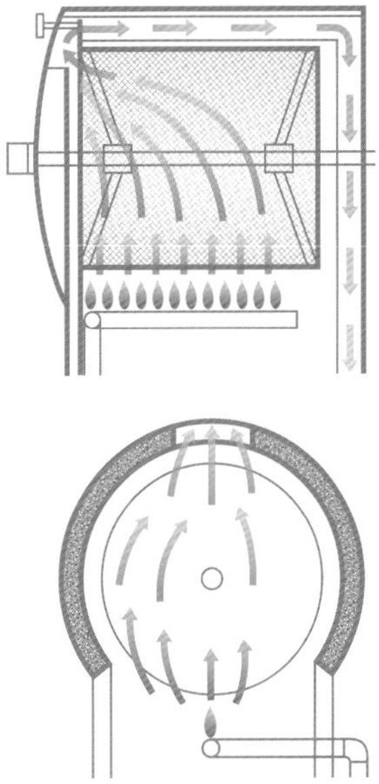

燃燒器加熱的空氣與煙由滾筒的孔直接進入內部，再由圓筒上部以強迫或自然方式排出。

烘焙機的空氣動線（半熱風式）

圖-5

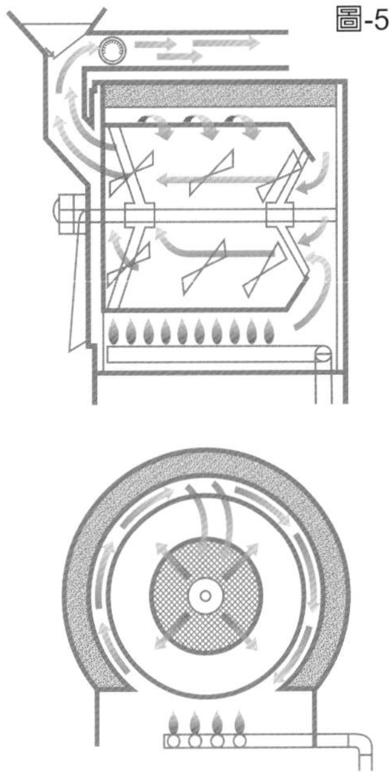

以隔版阻擋燃燒器的火焰直接接觸滾筒，熱風由滾筒後方進入內部，再由前方排出。

名匠（Meister）
與大和鐵工廠共同開發的新型烘焙機「名匠」。使用這台烘焙機，能夠將原本需費時十年的烘焙學習縮短至幾個月。

富士皇家（Fuji Royal）
自家烘焙店普遍使用的機種，本書記載的資料是採用富士皇家（Fuji Royal）五公斤烘焙機。

4・2 烘焙機的構造

烘焙機的構造主要分成「加熱部分」以及排除煙與雜質的「排氣部分」。滾筒與瓦斯燃燒器屬前者，排氣管與制氣閥屬後者。

乍看之下似乎操作繁雜的烘焙機，事實上構造卻相當簡單，任誰都能夠立刻學會如何使用。

首先打開開關，點燃瓦斯，將生豆放入鍋爐中的滾筒。一邊調整火力與排氣，一邊不斷抽出取樣杓確認烘焙度。判斷豆子已烘焙完成後，打開冷卻機開關，將豆子由鍋爐中取出。烘焙的流程就是這麼一回事。這一節我們針對烘焙機主要的部位來談談其功能與問題點。

●制氣閥

制氣閥的功能主要有三：排出煙與碎屑等廢物的排氣機能、提供豆了燃燒時必須的氧氣量、調整滾筒中的熱度。基本上制氣閥主要具有「打開則滾筒的溫度上升，關閉則滾筒溫度下降」的機能。放入生豆後立刻進入「蒸焙模式」（關閉制氣閥）讓豆子均質化（因爲豆子的顆粒大小及含水量不同，故必須先統一），這也是制氣閥的重要功能之一。

制氣閥有排氣、冷卻共用型，以及兩者獨立的分離型；85頁照片中的富士皇家烘焙機（Fuji Royal，五公斤用半熱風式）就屬後者，但多數十公斤以下的機器多爲共用型，排氣路線與排氣管也整合成一個。也就是烘焙時將「烘焙／冷卻切換開關」切至烘焙用，冷卻時將開關切至冷卻用（參照圖7、8）。以不需切換的分離型爲主的設計多是十公斤以上的機種。

新型烘焙機「名匠」還多設置了一個制氣閥（Aroma公司

圖-6 烘焙機的構造與豆子的動線

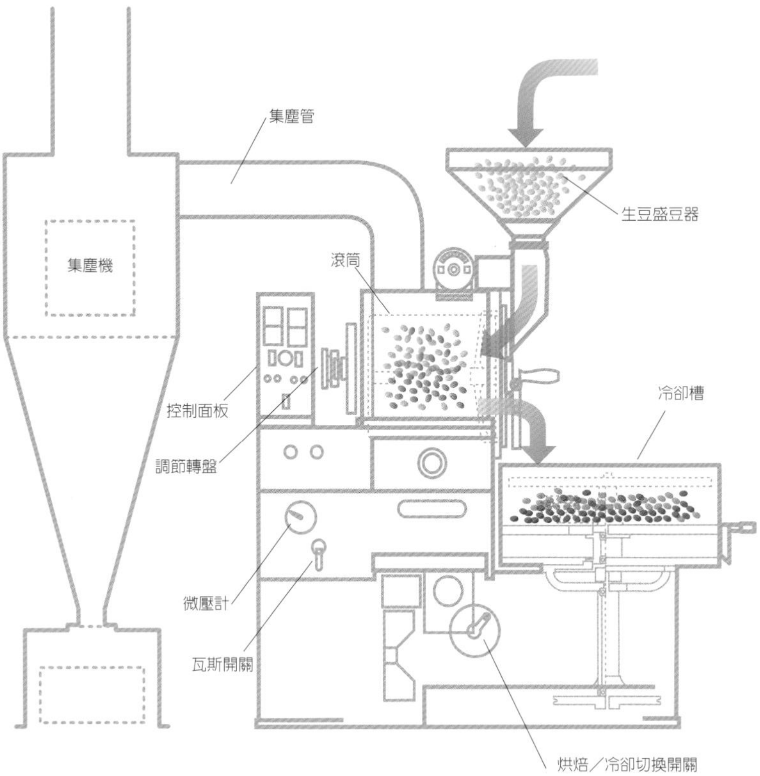

排氣筒（煙囪）該如何設定，也跟烘焙機的設置條件有關。可以確定的是，煙囪的高度若是不夠，對烘焙的正確性會有一定影響。特別是煙囪彎曲的部分容易產生亂流，盡可能採用直式煙囪是一大重點。高度必須是寬度的兩倍以上才可以產生「氣流效果」（煙囪效果）。氣體一旦變熱，密度就會降低，造成強力的上升氣流。煙囪愈長上升氣流的強度愈強。但是最近的主流趨向仰賴排氣機強制排氣，因此煙囪的高度也就無須那麼要求了。

圖-7　烘焙機的空氣動線（烘焙中）

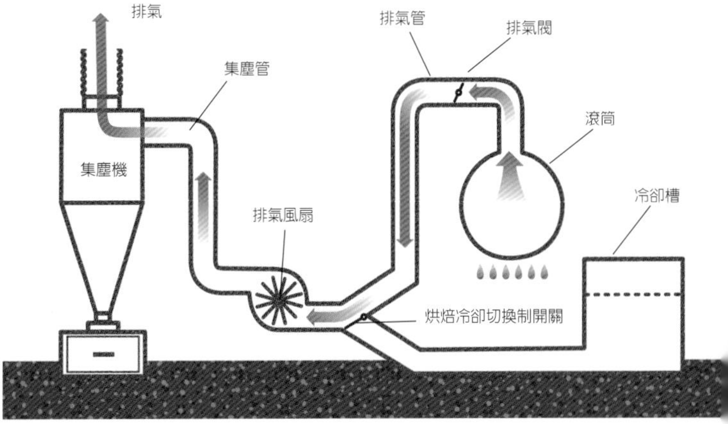

圖-8　烘焙機的空氣動線（冷卻中）

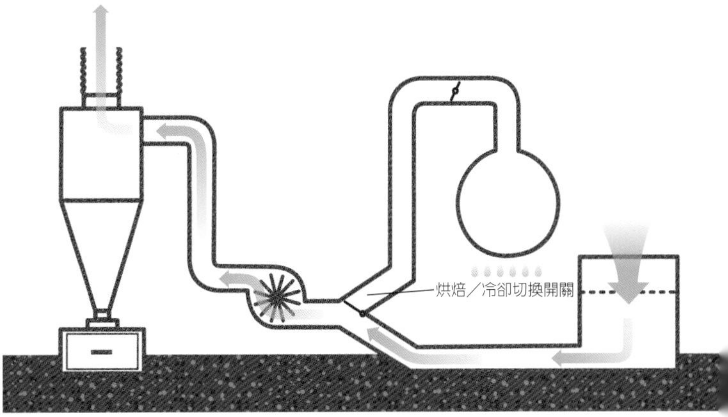

圖-9　烘焙室與煙囪

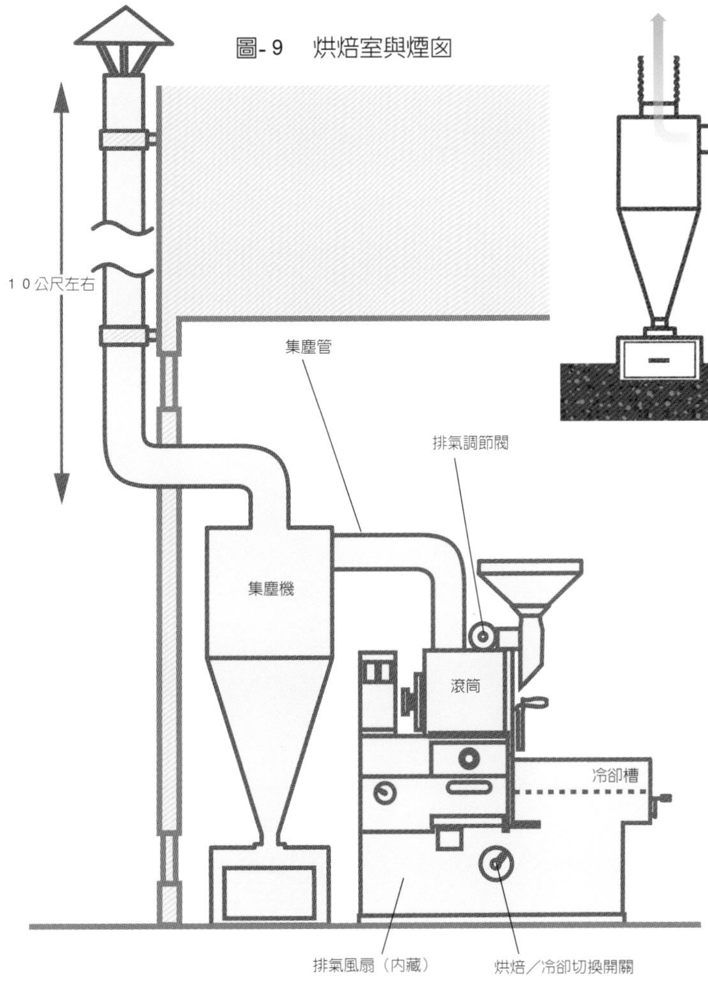

烘焙機的主要構造

①排氣制氣閥　②制氣閥（微調）
③瓦斯壓力表　④瓦斯閥門
⑤瓦斯栓

放入生豆的專用盛豆器

冷卻箱

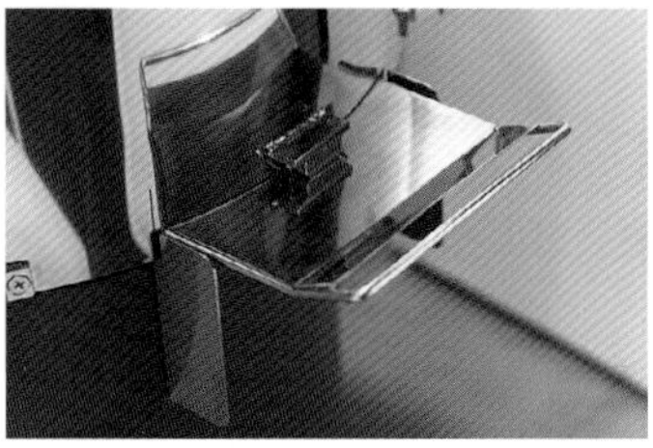

冷卻箱出口

取樣杓（test spoon）

前軸承（蓋子打開後）

圓筒型軸調節轉盤

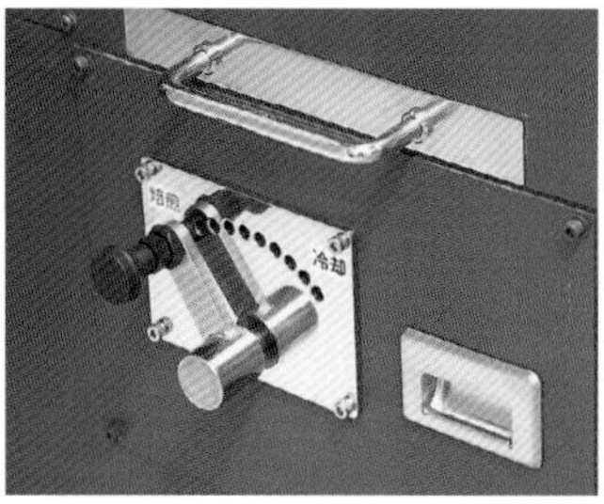

烘焙／冷卻切換開關

液晶觸控式控制面板

烘焙豆出口

集塵機

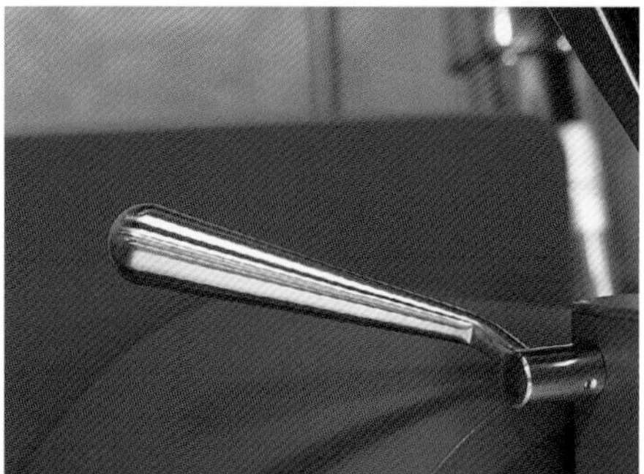

進豆調節閥

製造）。在相機的世界來說，它的功能就是補光，這個制氣閥用在調整微妙味道與香氣時威力強大。烘焙的好壞取決於「火力」、「排氣」、「烘焙時間」。不論如何，要以一個制氣閥控制排氣是至難的工作。

●滾筒

直火式與半熱風式的滾筒構造迥異，但基本條件都是要具有能夠均勻烘焙豆子的攪拌扇葉與合適的轉速。但是若照烘焙機的容量多少就放入多少生豆，會引起烘焙不均以及排氣困難的現象。起因多出自於攪拌扇葉的構造。烘焙機根據迴轉時產生的離心力將豆子推向滾筒前方，讓豆子成團狀固定。扇葉安裝的位置與形狀都需要充分考量。

●排煙設備

烘焙中的生豆會產生相當多塵埃、碎屑、銀皮，集塵機就是要收集這些東西的機器。其與烘焙機之間有水平導管連結，再接向屋外的煙囪；煙囪彎曲的部分會發生亂流，因此盡可能都以直線裝設，讓煙囪延伸至相當高的高度。煙囪並非只是單純的排氣口，抽取集塵機內積存的空氣也是它的工作。

煙囪過短不只會造成烘焙不均，還會讓氣體積聚；此現象在五公斤烘焙機滿載烘焙五公斤生豆時最爲顯著。最近的烘焙機多使用風扇強制排氣，如此一來只要充分確保煙囪口的口徑，且只有其與烘焙機水平連接的導管夠短，就不需擔心煙囪的高度。

排氣不順，烘焙就無法正確進行。最近爲了提昇排氣效率，排煙導管的設置已超出必要；煙囪作用太過的話，容易產生鍋爐不熱的弊病。因爲火力再大，逸失的熱量還是過多，造成火力無法保持在適度範圍。再者排煙過量會使冷空氣進入鍋爐中，增加滾筒內溫度的不穩定性。排氣能力太過或不足都很傷腦筋，最重要的是把握正確適當的功能。

●冷卻裝置

烘焙結束後若沒有立刻冷卻，豆子會以自己本身的餘熱繼續烘焙下去，如此一來會使苦味變強。

●火力裝置

控制烘焙機的溫度是根據燃燒器的火力以及制氣閥這兩者的多重調整。火力設定端靠瓦斯壓力表，微調整則仰賴制氣閥。理論上燃燒器爲強火、制氣閥全開時是爲最大熱量，反之則爲最小熱量。

●開發新型烘焙機

咖啡烘焙需要熟練的技術，掌握前需要累積長年的經驗。在這三十年間我也屢屢反覆實驗失敗。我也涉入機器的改良。最新烘焙機的標準配備是裝配了可以同時測量排氣溫度與烘焙溫度的感應器。過去的烘焙機只能知道排氣溫度，烘焙溫度專用的感應器需另行購買，或者將之改造成方便以制氣閥調節的機器。

使用方便的新型烘焙機開發構想早從二十年前開始，這次則是應邀與日本岡山大和鐵工廠共同開發微電腦控制的「Meister」。我不光是參與烘焙機的改良，還參與了麵包蛋糕用烤箱的開發。小型、省空間，又兼具大型烤箱的機能，於是一九八九年開發出一號機。「Meister」完成於二〇〇一年，使用這台機器的話，過去需要花十年歲月才能學成的東西只要數個月即可掌握。在設計時也注意到了時尚感與設計性，擺在店頭很具賣相。

4・3 烘焙機的操作

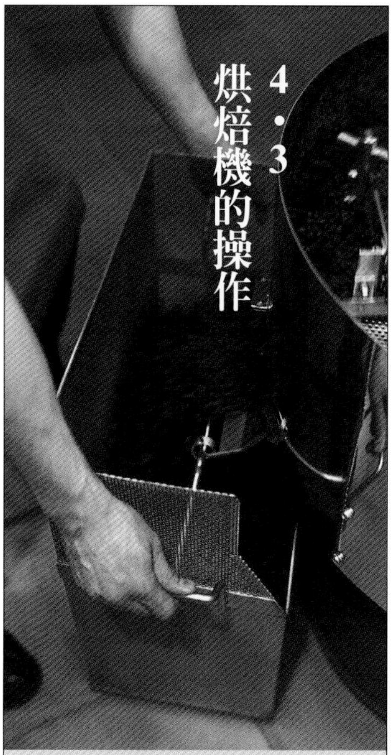

烘焙的基礎在於避免「不適合、不平均、白費工夫」的情況。任意提昇排氣能力、火力過強，將使烘焙無法順利進行。烘焙的步驟要從基礎開始學起。

一句簡單的烘焙就有各式各樣的做法。有的人會先將生豆像洗米一樣清洗過，再放入鍋中烘焙；有的人會在烘焙即將結束前在鍋爐中放入奶油。也有人由開始到結束始終保持制氣閥全開；還有人在烘焙即將完成前一刻就將火關閉，以餘熱烘一分鐘再將豆子倒入冷卻槽。

簡直就像百家爭鳴般，有多少烘焙者就有多少種烘焙方法，也沒有所謂正確不正確。烘焙方法多是好事，但避免「不適合、不平均、白費工夫」的方式是基本原則。

以下我將介紹「基本烘焙法」，當然此法也不脫百家爭鳴中的一種。將烘焙過程分爲五個階段，讓大家容易瞭解。順帶一提，這裡使用的是五公斤用的半熱風式烘焙機。

■烘焙的準備

就像車子要暖車，烘焙機也要暖機。爲了讓鍋爐溫度穩定，最少必須暖機十五到二十分鐘。在巴哈咖啡館，Meister烘焙機（五公斤用、十公斤用）約暖機三十分鐘，Fuji Royal烘焙機（五公斤用）約暖機二十分鐘，火力採弱火到中火。

一次烘焙的咖啡豆份量標準是鍋爐容量的八○%，太多或者過少都容易引起烘焙不均。五公斤的鍋爐裝四公斤的豆子，三公斤的鍋爐裝二公斤的豆子。烘焙量少時不至於產生問題，但要以十公斤的鍋爐連續烘焙八到十公斤左右的豆子，光是要將豆子送上盛豆器就是項重度勞動，弄不好還會腰痛。因而爲此開發出懸吊機，能夠自動將豆子運上盛豆器（92頁照片1・2）。

連續烘焙豆子的順序，要先烘焙肉質柔軟、烘焙度淺的豆子（A或B型），再烘焙肉質堅硬、烘焙度深的豆子（C或D型）。由量少的烘焙到量多的，這樣可以減少作業疏失以及燃料損耗。

1 烘焙階段I（0～5分鐘）

鍋爐溫度達180℃時放入四公斤生豆。火力調弱火。溫度開始下降；二分三十秒時爲95℃，排氣溫度到達最底限的154℃。這段期間，制氣閥開度爲四分之一到三分之一左右，也就是在「蒸焙」模式。蒸焙的目的是爲了要去除生豆水分，生豆的尺寸、乾燥度不均等問題也能透過「蒸焙」達到平均。

大約經過四分鐘左右，制氣閥全開約一分鐘，讓生豆上掉落的薄皮碎屑排出。接著再將制氣閥轉至四分之一的開度，持續到第一次爆裂爲止。

五到六分鐘左右，豆子顏色開始改變。在此第一階段，顏色會由深綠色轉爲淺綠色，進而變成白色，但此階段還不會突然變成褐色。香氣一開始爲青草味，第一次爆裂期前，青草味消失，豆子的聲音也由較硬的「恰恰恰」聲變成較軟的「颯颯

颯」聲。

2 烘焙階段II（5～10分鐘）

最理想的烘焙，溫度會呈拋物線狀緩緩上升。途中若有溫度起伏表示此烘焙是「不適合、白費工夫」的烘焙。這個階段將制氣閥稍微關閉，讓熱度鎖在其中。「蒸焙」有時被稱爲「均質」，主要是將水分含量與體積不同的豆子平均烘焙。蒸焙時間大約七到九分鐘。

咖啡蒸焙結束要進入第一次爆裂期前會稍微萎縮。第一次爆裂時膨脹。第二次爆裂前皺褶伸展，膨脹至更大。豆子全體變成膚色；水分多的豆子因爲脫水而變成膚色。青草味變淡。

3 烘焙階段III（8～15分鐘）

豆子顏色由土黃色變成淺褐色。在第一次爆裂前，豆子白色的中央線相當顯眼，水分去除後，豆子萎縮。這階段豆子體積最小。十二分鐘左右開始出現啪嘰啪嘰的聲音，第一次爆裂開始。制氣閥稍微打開，溫度上升，排氣溫度180℃，芬芳的香氣瀰漫。豆子的褐色更深。第一次爆裂大約持續兩分鐘，第二次爆裂也大約兩分鐘。

這階段開始進入眞正的烘焙，前面的部分都是烘焙的準備階段。制氣閥開約二分之一或以上，這種開度可以讓烘焙順利進行，我稱之爲「烘焙」模式。

咖啡豆通常會經過兩次爆裂；第一次是發出強烈的「啪嘰啪嘰」聲，第二次會發出「霹嘰霹嘰」聲。因此現在是第一次爆裂或是第二次爆裂很容易分辨。

當然在這段期間，要用取樣杓不斷確認豆子的顏色。通常設有放入生豆的盛豆器的烘焙機前面都附有取樣杓，要確認豆子顏色時，將取樣杓正面向上抽出，與樣本的顏色做比較，判斷烘焙停止的時間。觀察結束後，將取樣杓面朝下清空裡面的豆子。烘焙中取樣杓正面須朝下。

4 烘焙階段IV（15～20分鐘）

持續兩分鐘後第一次爆裂終於結束，大約隔兩分鐘，第二次爆裂開始，這次也持續兩分鐘。這段期間，制氣閥開約二分之一左右，溫度由180℃、190℃、200℃緩緩上升。香味增強，豆子表面覆蓋的黑色皺褶漸漸消失，組織細胞被破壞，豆子膨脹。

進入第二次爆裂是第十六分鐘左右，在那之前一刻將制氣閥開度轉至三分之二或者全開，讓滾筒內的揮發成分與煙排出。這個階段是「排氣」模式。豆子顏色爲褐色稍帶點黑色，可以聞到咖啡的香味。

●水與咖啡

我對於水也下了相當的功夫研究。井水、名川溪水、礦泉水等都試用過。

由結論來看，最適合的是優質的自然水。我所謂的自然水是未通過淨水器加溫殺菌的自來水，絕不是經過特殊加工的水。

淨水器的過濾材質不同也會造成淨水效果微妙的差異。一般淨水器使用的是由石炭、椰子殼等製成的活性炭過濾，除氯效果佳，但鐵鏽與細菌幾乎無法去除。其他還有以活性炭與中空絲膜（中央呈中空的絲狀纖維）或陶瓷配合使用的過濾方式，以及以逆滲透膜與活性炭結合的產品。這些過濾方式各有長短，無法評論何種較佳。

基本上不含石灰的軟水最佳，無須特別使用礦泉水。國外也有人使用硬水沖煮咖啡，反而破壞咖啡的味道。水必須煮沸才能使用，且在煮沸時立刻使用；用重覆加熱的水沖煮咖啡，咖啡味道會變重。

Meister烘焙機的操作順序

①將生豆倒入懸吊式盛豆器。

②持續按住懸吊式盛豆器的上升按鈕使其上升。

③打開懸吊式盛豆器的開口，讓生豆進入烘焙機的盛豆器。

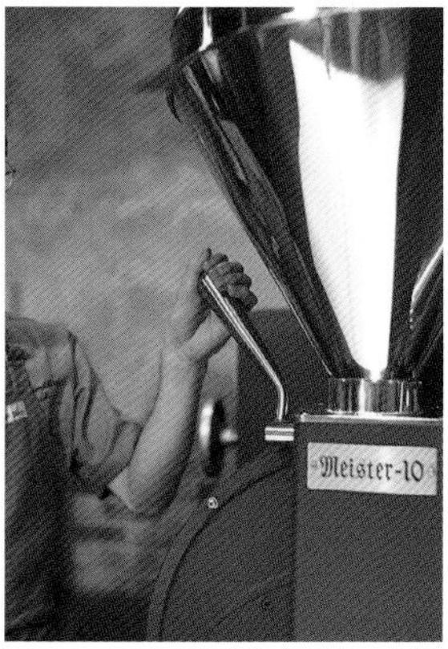

④將生豆放入滾筒。

⑤完成時啓動後燃器（After Burner）（只啓動十公斤專用）

⑥制氣閥稍微關閉，設定至「蒸焙模式」。

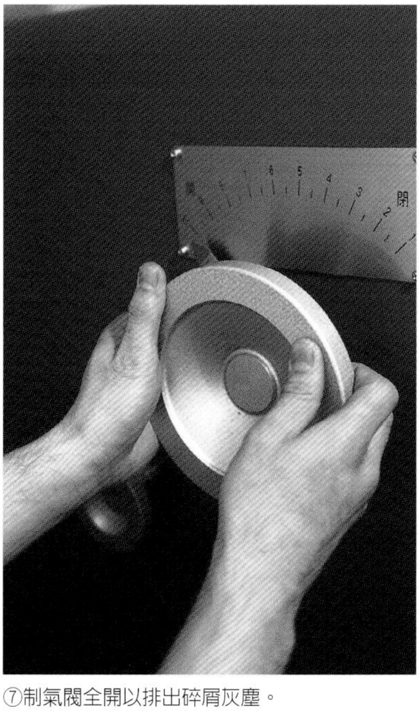

⑦制氣閥全開以排出碎屑灰塵。

⑧第一次爆裂時調整至「烘焙模式」。

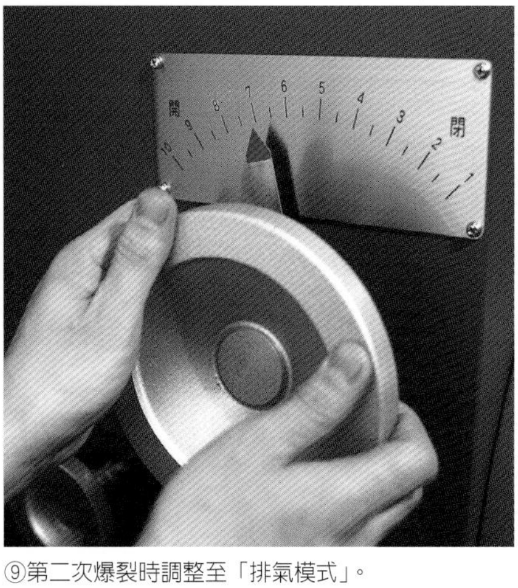

⑨第二次爆裂時調整至「排氣模式」。

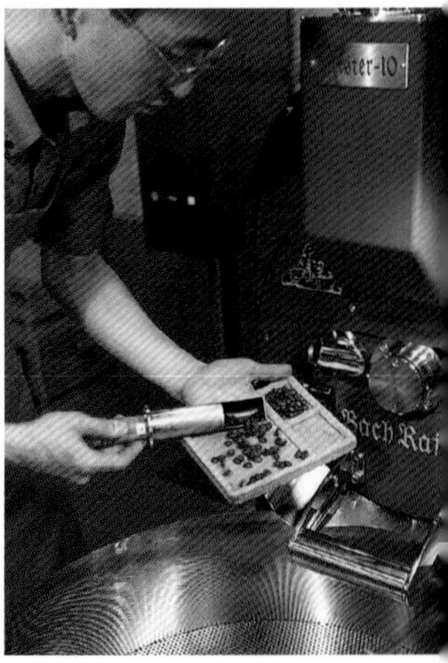

⑩採集烘焙停止時的樣本。

⑪烘焙豆自冷卻槽取出。若使用五公斤的烘焙機可以切換「烘焙／冷卻開關」。

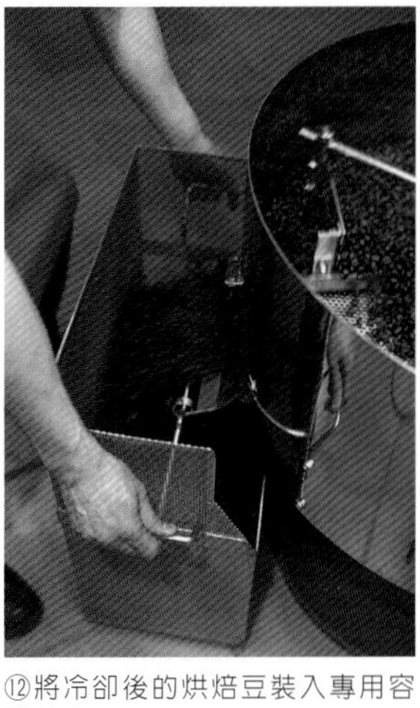

⑫將冷卻後的烘焙豆裝入專用容器。

5 烘焙階段V（20～25分鐘）

第二次爆裂結束是在第十八分鐘左右；在此時停止，就是最能夠發揮咖啡味道與香氣的深城市烘焙（中深度烘焙）階段。再繼續烘焙下去，煙薰味會愈強，煙霧大量產生，此時烘焙度爲法式、義式烘焙（深度烘焙）階段，烘焙量爲滿載烘焙（五公斤的鍋爐就放入五公斤的豆子）的場合，烘焙時間通常約需耗費二十分鐘左右；烘焙量爲鍋爐容量的五成到八成左右的話，則約花費十八到十九分鐘。另外烘焙時間會依生豆含水量的多寡改變。

冷卻裝置在烘焙停止前約一分鐘左右啓動，預先暖機；若僅是要降低溫度只需五分鐘，完全冷卻約需七到八分鐘。

以上的作業程序我按順序歸納爲以下幾點：

1 打開電源，讓滾筒轉動。
2 燃燒器點火。
3 調節預熱火力。用眼睛確認點火。
4 調整制氣閥（蒸焙模式）。
5 確認滾筒的烘焙豆出口已關閉。
6 將適量的生豆放入盛豆器。
7 達到預定溫度，將生豆放入滾筒內。
8 烘焙開始。
9 如果連續烘焙，將接下來要使用的生豆放入盛豆器。調整制氣閥（烘焙模式）。
10 調整烘焙火力。
11 以取樣杓確認咖啡顏色。
12 如有必要可再度調節火力。
13 烘焙停止前打開冷卻裝置開關。

●咖啡與甜點的關係

在日本，「紅茶與甜點」的組合要比「咖啡與甜點」更廣為接受。但是那些甜點先進國，法國也好，奧地利也罷，都是「咖啡與甜點」的組合，為何惟獨日本是甜點配紅茶呢？這就不得而知了。

奧地利有一種相當著名的巧克力點心，名為「薩赫巧克力蛋糕」（Sachertorte），我也多次在維也納的「薩赫咖啡館」品嘗。這種蛋糕要和摩卡咖啡這類具有Espresso重苦味的咖啡搭配才能發揮其真正風味。與紅茶搭配的話會只有蛋糕的甜味被突顯出來。

日本的甜點總的來說都缺乏甘美風味，大概是因為和紅茶搭配的關係吧！甜點配紅茶也不錯，但我希望也能重視咖啡與甜點的搭配。不重視甜點與咖啡的適性，會讓日本的蛋糕變成一堆缺乏甜美風味且味道平淡的食物了。

14 確認冷卻槽的出豆口關閉。
15 以取樣杓確認可以停止烘焙。
16 快速打開出豆口，讓烘焙豆掉入冷卻槽。
17 熄火。
18 開始冷卻烘焙豆。
19 若烘焙機的排氣管與冷卻管共用，開關要切換至「冷卻」。冷卻三分鐘以上，準備進入第二批次的烘焙。
20 將生豆放入滾筒內，開始第二批次的烘焙。接下來就是不斷反覆這二十個步驟。

■烘焙機的定期檢查保養

烘焙機的定期保養是必要的。使用過後，煙囪自然會有薄皮碎屑等殘留，馬達的軸承部分也會有碎渣殘留。若不清理積存雜質的煙囪，這些碎屑容易引發火災。軸承部分的殘渣不清除，只是注入油繼續使用，讓新的殘渣再度累積會造成烘焙中的滾筒停止轉動。這不單會讓烘焙中止，也會影響營業。

有人提到關於「火力增強時溫度卻異常突升」的問題，調查之下會發現元兇就是久積碎屑的煙囪。就像血管被膽固醇堵塞而造成血壓升高一樣，排氣導管等也被碎屑堵住因而溫度異常上升。即使稍微打開幫浦，溫度仍舊持續上升，這是由於極精細的溫度控制受阻的關係。

烘焙機的保養檢查相當費時麻煩，因而常被忽略，但是想要能正確烘焙，定期保養是不可欠缺的。以下是幾項主要的檢查部位以及檢查方式。

1 將油注入制氣閥（圖10）

由制氣閥轉軸上方將油注入二公厘大小的洞中。使用耐熱性強的機油即可。若偷懶省略注油工作，烘焙排出的煙就會慢慢附著其上，造成無法順利開闔，因而必須施力才能調整制氣閥，最後停止針會損壞，制氣閥將無法使用。制氣閥的精確度會受到影響。

2 潤滑軸承（圖11）

更換前軸承部分的潤滑油。以棒子等將舊的潤滑油清除，仔細去除髒污後，用戴著塑膠手套的手指將新的潤滑油塗上去。若是怠忽此更換潤滑油的動作，轉軸會提早磨損，這樣一來迴轉動作會不規則，進而無法轉動。另外，在去除舊油之前先讓烘焙機暖機會更容易清理。

3 清掃煙囪（圖12）

剛開始每三個月檢查一次，因爲此時烘焙量還不多，且煙囪內側還很光滑。過一段時間微塵碎屑等開始附著，檢查的地方不只有一個，連屋外的直立煙囪都要確實檢查。屋外直立煙囪一公尺左右的地方最容易累積雜質，常會掉落。

清掃要以與煙囪口徑吻合的刷子進行，也可以使用能夠伸長的清潔工具或者線刷仔細清理。煙囪一旦塞住，排氣能力會明顯降低，而無法以制氣閥調整火力與排氣。甚至還有可能引起火災。

4 清潔溫度感應器（圖13）

定期將溫度計拔出清潔。微塵等附著其上會影響溫度感應的精確度；感應器部分可用中性清潔劑洗去污垢。

溫度計有排氣溫度計與豆子（鍋爐內）溫度計兩種。過去大多只有排氣溫度計，爲了要求更高的準確度，才在鍋爐內部也放入感應器。此感應器與豆子接觸測量豆子溫度，但是它不算精確，因爲感應器並非插在豆子聚集的位置上。豆子能夠觸碰到感應器的密度會受到烘焙量影響，造成實際的豆溫與感應器上顯示的溫度有差異。回到清潔溫度感應器的話題。過去也曾發生雜質附著而造成溫度感應器變形無法拔出的情況，希望讀者要注意這點。

5 集塵機（圖14）

首先要將集塵機本體拆除清掃。如圖14所示集塵機具有掃除孔，可以將之打開窺探內部，微塵碎屑在裡面層層累積，可用槌子輕輕敲落，接著再用刷子清掃。這些碎屑附著會著火，因此煙囪與集塵機內部切記一定要檢查。

6 冷卻槽（圖15）

清掃冷卻槽的進氣孔。冷卻槽雖然有點重，但必須將它卸下，以吸塵器吸除附著在內側的碎屑。

7 排氣用風扇（圖16）

風扇與馬達連結因此相當重，雖然重，還是得拆下來確認中間的排氣風扇葉片上是否附著微塵碎屑。若不清除這些雜質，將造成無法排氣以及馬達無法運作。

拆除排氣風扇時，不要從上方的螺栓先拆；拆掉螺栓時要從下方支撐住，否則卸下風扇時，馬達的重量會使螺絲彎曲，使得連接烘焙機的部分鬆弛，就無法裝回原來的樣子了。裝回去時先栓正上方的螺栓，但並非一根一根的栓上去，而是先將全部螺栓大致栓上，再循對角線方向一個個栓緊。

以上是針對主要部位的保養方法。勤於保養烘焙機就能發揮所長。烘焙機決不是便宜的東西，當然希望能夠盡量使用的長長久久。

●自家烘焙與公害對策

第一次購買烘焙機的人之中有些人特別注意集塵機或煙囪。將煙囪視為整組烘焙設備中的一項即可。

烘焙機必須要有煙囪，滾筒內產生的煙與碎屑必須透過煙囪排出，且煙囪可用來調節空氣量。然事實上煙囪也是問題的所在。烘焙若是在郊區野外進行還無所謂，在辦公大樓林立的區域或者人口稠密的住宅區，屋外伸了支煙囪，這就涉及「公害」的問題了。

為了因應公害問題，五公斤以下的烘焙機配有「靜電過濾清淨器」（只消煙，無法除臭），還有除臭用的「活性炭過濾清淨器」。十公斤以上的烘焙機必設有「後燃器（After Burner）」，那是一台價值數百萬日圓的機器，說不定還貴過烘焙機本身呢！今後的時代可不允許會為週遭環境帶來問題的自家烘焙店存在。

烘焙機的清理

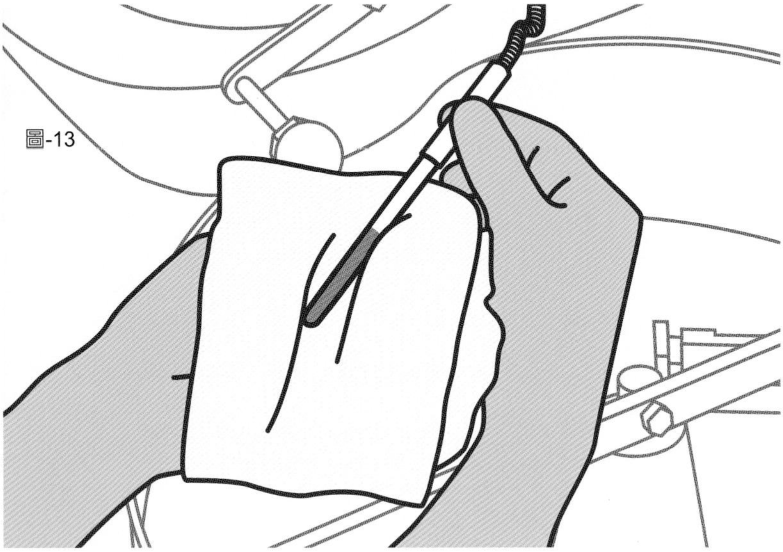

圖-13

溫度感應器用布擦拭。

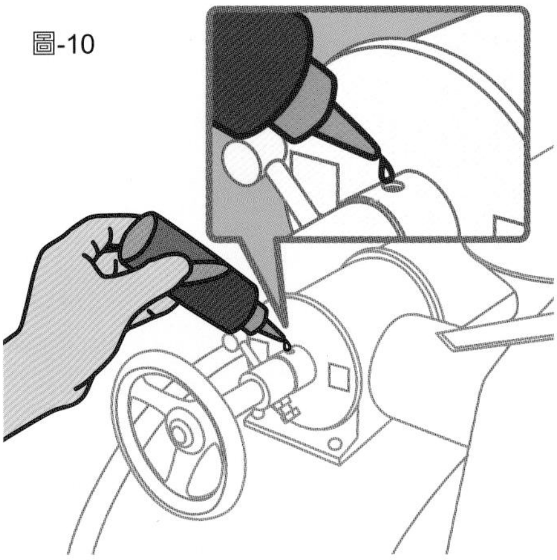

圖-10

將油注入制氣閥轉軸。

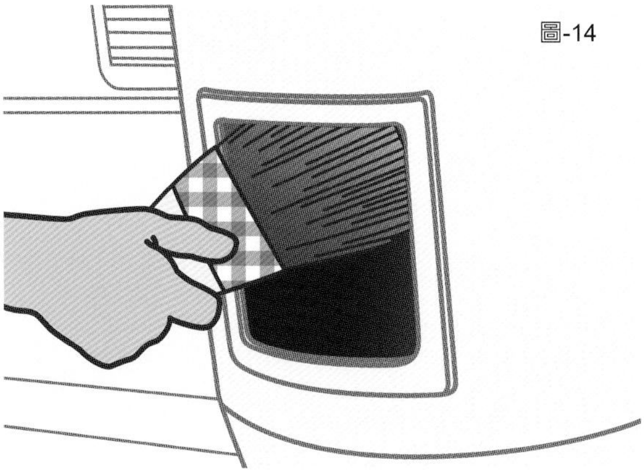

圖-14

集塵機的檢視窗（或稱「掃除孔」）用小掃把或者手刷清掃。

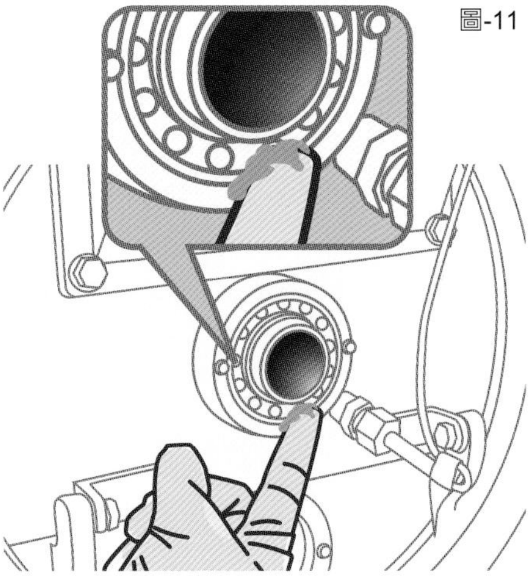

圖-11

更換前軸承部分的潤滑油。用棒子等將舊的潤滑油取出，用戴上塑膠手套的手塗上新的潤滑油。

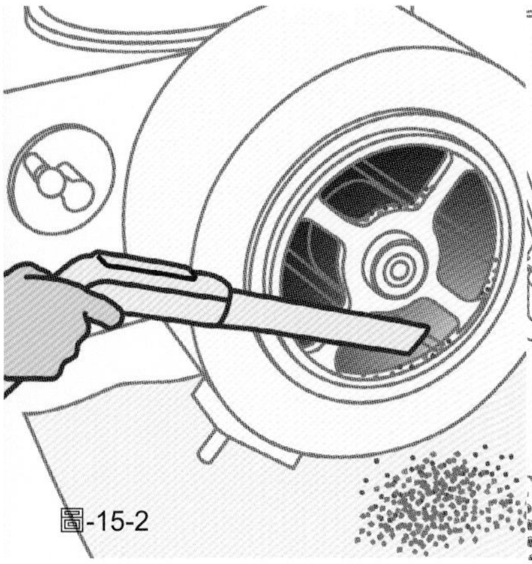

圖-15-2

清掃冷卻槽的進氣孔。

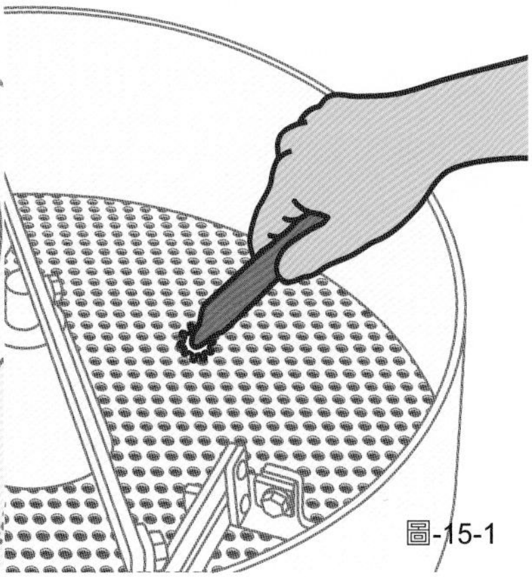

圖-15-1

冷卻槽的清理。

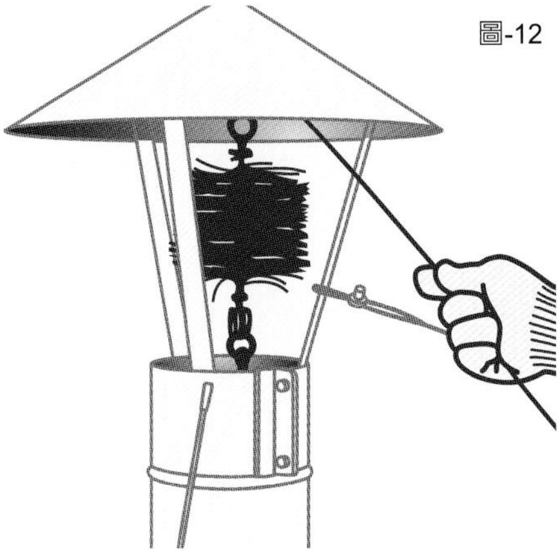

圖-12

外面的煙囪用線刷清理。

圖-16-1

拆下排氣用風扇的馬達。

圖-16-2

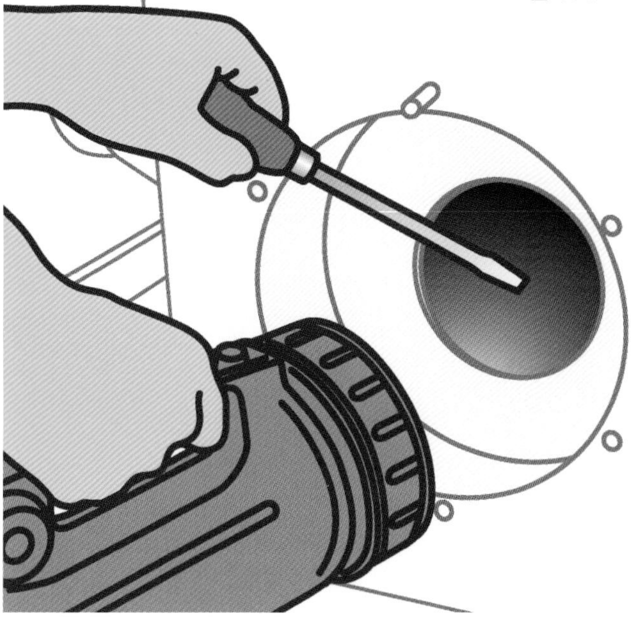

拆下馬達清潔內部。

4・4 各式各樣的烘焙法

烘焙有各式各樣的手法，有單一品種咖啡豆烘焙，也有複合品種咖啡豆混合烘焙，另外還有「雙重烘焙」。這些不是旁門左道，每一種都是製作出美味咖啡的重要技法。

烘焙一句話，依據目的和用途就有各式各樣的方法。使用小型烘焙機，將少量生豆用較低的溫度烘焙三十分鐘左右，這是「長時間烘焙」（也稱「低溫烘焙」、「慢炒法」）；一鍋數百公斤的生豆只花五到六分鐘烘焙完成，這是大型咖啡製造商常用的「高速烘焙」（也稱「短時間烘焙」、「快炒法」）。

另外製作綜合咖啡時，通常都是以個別烘焙的豆子混合。也有考慮經濟效率而事先將兩種以上的生豆混合，再將混合豆一起烘焙的手法，稱作「混合烘焙」。這種手法多爲大型咖啡製造公司所用，以便於量產以及工業使用。

以下是各種烘焙法的特徵與利用方式的整理說明。

1 單品烘焙（單一品種咖啡豆烘焙）

不與其他豆子混合，只用單一咖啡豆烘焙的方法。生豆會依產地、收成、採收年而有尺寸、含水量、香氣等的不同。要引出每種咖啡獨具的味道，除了個別烘焙外別無他法。通常綜合咖啡的豆子也是採用單品烘焙後再混合。此烘焙法能夠透過杯測得知不同烘焙度的味道特徵。我所說的「基本烘焙」全都根據此烘焙法產生。

2 混合烘焙（複合品種咖啡豆烘焙）

兩種以上的咖啡豆在生豆階段就混合一起烘焙。主要是綜合咖啡所使用的烘焙法。混合烘焙的優點在於一次烘焙就能完成綜合咖啡。但是含水量、尺寸、豆質軟硬等不均理所當然會引起烘焙不均的情況。因爲單品烘焙引起的烘焙失誤少，且不易產生雜味，所以綜合咖啡最好還是以單品烘焙製作較佳。

爲何會引起烘焙失誤呢？這樣說有點專業，但一般來說，這是起因於咖啡各自「比熱」的不同。所謂「比熱」是指「物質要升高1℃所需要的熱能」。含水量多的豆子、含水量少的豆子、顆粒大的豆子、顆粒小的豆子雖都以相同熱量加溫，但因爲比熱不同的關係，烘焙完成時會出現差異，使品質不均。種類不同的豆子一起烘焙，會烘焙平均才是奇蹟。

混合烘焙是在事先知道會有烘焙失誤的情況下進行的烘焙，基本上會讓咖啡味道偏重。當然因爲有烘焙失誤，萃取也就困難多了。要說補救辦法的話，大型咖啡業者是使用大鍋爐，一次烘焙數百公斤咖啡豆。通常以大鍋爐高速大量烘焙的話，混合烘焙的缺點就不易顯現。

如果你是用小鍋子混合烘焙，請注意下面幾點。

●咖啡豆類型相似的時候

就如第二章「系統咖啡學」中提到的，A型咖啡豆就用同屬A型的豆子混合，C型豆就找同爲C型的豆子混合。譬如說，A型豆有巴拿馬、多明尼加；C型豆有墨西哥、哥斯大黎加、厄瓜多等組合。主要選擇含水量、豆子大小、軟硬度等相似的豆子作組合。在混合成功之前，請先以二種練習。

●咖啡豆類型迥異的時候

A型豆與D型豆混合烘焙，必然引起烘焙失誤。在此要使用下面介紹的「長時間烘焙法」技巧，統一烘焙速度。烘焙時間愈長，豆子外觀會愈佳，但有些時候會出現異臭或者使咖啡淡而無味。

3 長時間烘焙

相對性的抑制火力（與「低溫烘焙」相同，通常將溫度保持在180℃以下），以三十到四十分鐘的長時間持續烘焙的手法。對於調節苦味效果奇佳，適用於欲在相同烘焙度下增加苦味。加上豆子中心也充分吸收熱度，皺褶得以充分伸展而膨脹。對於統一豆子形狀與大小最爲有效。

根據豆子類型分爲以下兩種使用方法。

●延長「蒸焙」時間的方法。

到「第一次爆裂開始前」爲止，這階段稱爲「蒸焙」。蒸焙普遍用於烘焙上，特別是乾燥不均情況特別嚴重的場合，或者想要去除酸味、要去除新豆水分的時候。「蒸焙」會使咖啡味道平淡，而且蒸焙過久有時會產生異臭。但這對烘焙技術而言是基本中的基本，此手法練成高手程度時，對於味道的操控也就變得容易多了。

●延長「第一次爆裂到第二次爆裂開始前」時間的方法。

抑制第一次爆裂開始的溫度上升，注意調整烘焙速度，有助於去除澀味以及新豆等含有的刺舌味。可調節強烈的味道，具有調整不良豆缺點的效果。惟獨這需要高度技巧，因而在烘焙過程中必須小心操控。

必須注意的還有一點，雖然抑制溫度，但不能讓它下降。溫度過低會造成顏色與香氣不足，而成爲不能使用的重口味咖啡。爲了避免這種情況發生而拼命學習烘焙技術，還不如直接購買優質的咖啡豆，避免用此種烘焙法調整。

4 低溫烘焙

只是將3長時間烘焙的「時間」換成「溫度」而已，手法上都一樣。

5 短時間烘焙

與3、4相反，加速烘焙速度的手法。此技巧有助於調整酸味；因爲以相同烘焙度，高溫、短時間烘焙完成，酸味較不容易殘留。不過溫度過高會造成烘焙不均或者煙薰味，因而短時間烘焙也有其限制。使用方法有以下兩種。

●「到第一次爆裂期爲止」

造成烘焙不均的原因在於豆子鬆軟前就用高溫烘焙。因此

訣竅是豆子鬆軟後再開始高溫烘焙。柔軟、形狀一致、水分含量一定、充分膨脹的豆子最適合。以類型來說，就是A型或B型豆。

●「第一次爆裂期之後」

適合品質不均的硬豆。在第一次爆裂期前蒸焙讓它品質一致，過了第一次爆裂期開始高溫烘焙。

6 雙重烘焙

剛採收的深綠色生豆水分含量多，具有強烈的澀味與酸味，將它直接放到火上烘焙一定會烘焙不均，而作出重味的咖啡。爲了避免這種情況，方法之一是將到第一次爆裂期爲止的時間拉長，也就是延長蒸焙時間。還有一個修正手法則是「雙重烘焙」。

「雙重烘焙」就如字面所示，是指烘焙兩次。第一次烘焙時，用中火烘焙數分鐘，直到豆子顏色變淺、變白。將烘焙豆離火冷卻，再以一般方式烘焙第二次。雙重烘焙的目的如下：

◎除去澀味
◎抑制過強的味道與香氣
◎統一豆子的顏色
◎在淺度到中度烘焙的階段取得酸味的平衡
◎除去水分，避免烘焙不均

生豆中有些豆子若是直接烘焙，顏色、味道、香氣都會過度強烈而缺乏平衡。譬如，要將四種咖啡豆各自單品烘焙後製成綜合咖啡；倘若四種咖啡都是酸味、澀味強烈的新豆，恐怕做出來的綜合咖啡味道與香氣會過於強烈。爲了避免這種情況，可以將四種咖啡豆中的兩種雙重烘焙，即可有修正的效果。

另外像是哥倫比亞或者肯亞等肉厚質堅的D型豆，如用淺度烘焙，殘留的酸味會讓人難以入口。D型豆原本就不適合淺度烘焙，這點我在系統咖啡學的章節已經再三強調，但並不代表它不能淺度烘焙，只是烘焙時的操控非常困難罷了。不習慣的人會因爲看不到結果而開始著急，無法預估出淺度烘焙的味道就投降了。如果學會雙重烘焙的技術，就能除去不好的酸味與澀味，煮出美味的淺度烘焙咖啡。想要以淺度到中度烘焙度烘焙D型豆時，此雙重烘焙可以發揮意想不到的威力。

反之，肉薄柔軟的A型豆如何呢？此類型的豆子烘焙過久會失去味道與香氣，所以採用「短時間烘焙」較適宜。但高溫的短時間烘焙卻會造成烘焙不均。這時雙重烘焙又可派上用場。

雙重烘焙的技術主要用於淺度烘焙的咖啡。想要完美烘焙皺褶伸展不佳的豆子而花長時間烘焙，會造成烘焙過度。要讓這種難應付的豆子照預定的使用淺度烘焙處理，就需仰賴雙重

●滴濾杯的開發

我認為要求一般人也要具有專家的技能這點太過分了，因為客人畢竟不是專家。「沒有高度的技術就煮不出美味的咖啡」，這不應是咖啡無法像日常飲料般普及的藉口。因此沖煮咖啡的道具應該盡可能簡便且具有高性能。

濾紙滴濾杯的缺點，在於注入濾紙的熱水太少以致穿透力太弱，因而滴濾杯製造商會在底部開牙籤大小的洞口，讓熱水容易通過完全萃取。但這樣做有潛在危險，這麼一來就不叫過濾，而成了浸漬。

我認為最理想的是吸附力強的滴濾杯，因此改良出內部刻紋較深且底部有向外突出濾孔的滴濾杯（請參照１３５頁），結果相當成功。萃取出的咖啡較以前更具安定感且味道分明。

想要深度烘焙A型咖啡豆時，第一次先採用極淺度烘焙，第二次始採用深度烘焙。相反的，想要淺度烘焙時，第一次烘焙到第一次爆裂前停止，第二次稍微烘焙即可停止。再來是烘焙D型豆，想要深度烘焙則第一次也採淺度烘焙，第二次用稍深的烘焙度。想要淺度烘焙則第一次烘焙到第一次爆裂期前或者剛進入時停止。如此一來，D型咖啡豆特有的酸味就能被除去，搖身成為清爽風味的淺度烘焙咖啡。雙重烘焙當然也有缺點，但是好處較多，最大的好處在於，第一次烘焙時能夠充分去除澀味，皺褶產生後開始第二次烘焙。

烘焙了。

雙重烘焙可將水分去除，澀味去除，香氣變薄，強烈味道變弱。也有人因此而認定雙重烘焙會讓咖啡失去香氣，使味道平板。其實雙重烘焙也是味道製作上很重要的技術之一，對其抱持偏見並無助益。

生豆的確烘焙不易，因此有人提倡將生豆庫存幾年去除水分，這種做法稱爲「養豆」。但不可能每次買來的生豆都得經過養豆。

雙重烘焙可以說是不花時間就能將新豆變成乾豆的技術；換言之，就是將花費數年的養豆作業，壓縮在數分鐘內完成的技術。

中華料理中有一種稱爲「過油」或者是「泡油」的技術，也就是讓食物通過熱油的技術。爲何會有這種技術存在？因爲中華料理多爲炒菜，需以大火在短時間內完成，過油的用意，就是先讓材料已有六到七成的熱度，各個材料的比熱差異能夠均等。接下來再加熱將料理完成。這種「過油」技術，就等同於咖啡烘焙中的「蒸焙」技術，也等同於雙重烘焙中的「快速烘焙」（第一次烘焙），透過過油技術調整不同材料的比熱差，使之一致。

雙重烘焙絕不是什麼困難的技術。第一次爆裂期之前停止第一次烘焙，完全冷卻後再進行第二次烘焙。重點在於，咖啡的個性過強，缺點與問題過多時，第一次烘焙的停止時間就要愈接近第一次爆裂期愈好。有時甚至在已進入第一次爆裂期時才停止。另一方面缺點少的豆子只要烘焙五、六分鐘讓它鬆軟即可。

雙重烘焙的豆子大多不會出現酸味與澀味，豆子表面也相當完美。因爲豆子膨脹狀態佳且不會烘焙不均。對於致力於咖啡販賣的人們而言，可稱得上是不可或缺的技術。

照片中是A到D型豆的淺度、中度、中深度、深度四種烘焙度的樣子。基本法則是「第二次烘焙若採深度烘焙，則第一次烘焙就用淺度烘焙；第二次烘焙若要用淺度烘焙，第一次烘焙就用深度烘焙」。

第一次烘焙與第二次烘焙的間隔最少要差距一天以上，讓烘焙豆中心殘留的熱氣吐出較佳。如果間隔不夠久，豆子表面與內部有溫度差異，會造成烘焙不均而產生「芯」。

如果豆子烘焙到第一次爆裂期前停止，並完全冷卻的話，放上二到三個禮拜都沒問題；相反的若是停止時間太接近第一次爆裂期，則最好盡可能快點進行第二次烘焙。

●關於中國的咖啡

搭飛機由上海到昆明，再進入雲南省的保山，由保山搭三個半小時的車就能到達中國與緬甸邊境的險峻山地。那裡有一個小小的村莊和一整片廣大的咖啡田。正值秋收時期，大批村民為了採收紅色的咖啡果實前往咖啡田中。

一問之下，這裡過去是煙草種植地，漸因出口困難因而改種咖啡。此地種植的是傳統品種的帝比卡。出發之前原本對它期待並不高，看了之後才發覺真是優質的咖啡啊。

用直火式的手工製烘焙機就能做出美味的咖啡。醇厚且風味佳，是過去日本也有的懷舊味道。中國雲南省的咖啡在日本仍為少數。適合任何烘焙度這點，讓它不容小覷。

4・5 烘焙實戰入門

透過兩種類型迥異咖啡豆的烘焙來看實際的烘焙過程。重現相同味道的重點在於清楚的烘焙紀錄。由烘焙的第一步驟開始就必須製作所有咖啡豆的烘焙紀錄卡。

巴哈咖啡館的咖啡皆使用「單品烘焙（單一品種咖啡豆烘焙）」，由第一次爆裂到義式烘焙階段爲止，每個烘焙度的咖啡豆皆作取樣，並進行杯測。當然也在烘焙紀錄卡上逐一記錄下來，將變化過程相同的生豆分類，並活用這些資料，追求味道重現。

在此我們個別追蹤在「系統咖啡學」上被歸類爲適合淺度烘焙的「A型豆」巴拿馬ＳＨＢ，和適合深度烘焙的「D型豆」坦尚尼亞ＡＡ的烘焙過程。

●巴拿馬ＳＨＢ
烘焙機／富士皇家（Fuji Royal）五公斤烘焙機（半熱風式）
烘焙量／四公斤
生豆含水率／9.8％

（１）預熱，也就是運轉暖氣。制氣閥調整到「蒸焙」模式（全開的四分之一位置），火力由弱火調至中火15～20分鐘，排氣溫度２５０～２７５℃，讓烘焙前溫（豆子溫度）上升至２００℃，充分熱鍋。暖氣運轉完畢即熄火，等溫度下降到預定溫度之下再重新點火。

（２）鍋爐溫度達１８０℃時放入生豆。在能夠掌握火力大小之前，一開始的火力設定建議用弱火。火力若過強，在第一次爆裂期之前就會發生烘焙不均。

（３）之後，排氣溫度調降至１５０℃左右，這段時間約三分鐘左右。到此，制氣閥都在「蒸焙」模式。第四分鐘結束後，一口氣將制氣閥全開，一分鐘內讓微塵細屑排出。接著回到「蒸焙」模式。原則上到第一次爆裂爲止制氣閥都維持在「蒸焙」

巴拿馬SHB的烘焙

①蒸焙過後豆子呈鬆軟貌。

②鬆軟後突然緊縮的狀態

③第一次爆裂前的狀態

④第一次爆裂結束的狀態

⑤第二次爆裂開始

※Ａ～Ｄ請參照109頁的烘焙過程表

模式。

（4）這期間豆子顏色由開始的淺綠白色轉爲青白色，九分鐘左右再轉爲膚色。豆子鬆軟，膚色變深，繼續蒸焙。蒸焙結束時青草味會轉爲芳香的氣味，可以由此預測蒸焙即將結束。

（5）確認蒸焙結束（排氣溫度上升至200℃附近，豆子的中央線綻開的時候）後，將制氣閥轉至「烘焙」（全開的一半位置）模式。

（6）十九分鐘後，第一次爆裂開始。隔著厚厚的鐵板可聽到

表18　富士皇家烘焙機五公斤的烘焙紀錄卡（巴拿馬）

烘焙者	2003年　8　月　12　日 AM/PM　3　時　00　分		天氣　○⊗◎	氣溫 29.5℃
咖啡名稱　巴拿馬	烘焙量　4.0　Kg	(R-5)・M-10 ⇒ 第 2 回	生豆水分　9.8　%	室溫 28.7℃
目的　檢查烘焙過程	烘焙程度　S☑	CpT　00　01　Ber　Bst	Tipe　D　C　B　(A)	濕度　%

微壓計 0設定	0.75	1	2	3	4	5	6	7	8	9	10	11	12	13	14
	14	15	16	17	18	19	20	21	22	23	24	25	26	27	28
制氣閥 0設定	3	1	2	3	4　10	5　3	6	7	8	9	10	11	12	13	14
	14	15	16	17	18	19　5	20	21	22　8	23	24	25　10	26	27	28

中間點	第一次爆裂⇒		第二次爆裂⇒		結束	Cpt　00　01　Ber　Bst
2分45秒	19分20秒	21分16秒	23分49秒	24分20秒	25分52秒	＋　・　−　⇒　.　〃
烘焙　88	烘焙　179	烘焙　190	烘焙　203	烘焙　208	烘焙　218	NewRor
排氣　146	排氣　204	排氣　218	排氣　228	排氣　229	排氣　238	NewUse

烘焙溫度	00　80	01　108	02　98	03　89	04　94	05　102	06　108	07　115	08　120	09　125	10　130	11　135	12　140	13　145	14
	14　150	15　155	16　160	17　165	18　171	19　177	20　183	21　189	22　194	23　199	24　207	25	26	27	28
排氣溫度	00　181	01　154	02　150	03　146	04　148	05　155	06　158	07　161	08　164	09　168	10　171	11　175	12　178	13　182	14
	14　185	15　189	16　192	17　195	18　199	19　202	20　209	21　217	22　221	23　225	24　230	25	26	27	28

溫度設定　進豆⇒　第一次爆裂⇒　第二次爆裂⇒	①	③
制氣閥設定　全開⇒　蒸焙⇒　第一次爆裂⇒　第二次爆裂⇒	②	④
204　228　23:52		

豆　排氣　時間

表19　富士皇家烘焙機五公斤的烘焙紀錄卡（坦尚尼亞）

烘焙者	2003年　8　月　12　日 AM/PM　2　時　34　分		天氣　○⊗◎	氣溫 29.6℃
咖啡名稱　坦尚尼亞	烘焙量　4.0　Kg	(R-5)・M-10 ⇒ 第 1 回	生豆水分　12　%	室溫 28.7℃
目的　檢查烘焙過程	烘焙程度　S☑	CpT　00　01　Ber　Bst	Tipe　D　C　B　(A)	濕度　%

微壓計 0設定	0.8	1	2	3	4	5	6	7	8	9	10	11	12	13	14
	14	15	16	17	18	19	20	21	22	23	24	25	26	27	28
制氣閥 0設定	3	1	2	3	4　10	5　3	6	7	8	9	10	11	12	13	14
	14	15	16	17	18　5	19	20	21	22　8	23　10	24	25	26	27	28

中間點	第一次爆裂⇒		第二次爆裂⇒		結束	Cpt　00　01　Ber　Bst
2分34秒	18分01秒	20分23秒	22分00秒	23分52秒	24分50秒	＋　・　−　⇒　.　〃
烘焙　86	烘焙　178	烘焙　189	烘焙　198	烘焙　210	烘焙　218	NewRor
排氣　147	排氣　199	排氣　216	排氣　224	排氣　234	排氣　240	NewUse

烘焙溫度	00　180	01　106	02　98	03　88	04　95	05　103	06　110	07　117	08　123	09　129	10　135	11　140	12　145	13　150	14
	14　155	15　161	16　166	17　171	18　177	19　183	20　187	21　192	22　198	23　205	24　213	25	26	27	28
排氣溫度	00　184	01　155	02　150	03　148	04　152	05　157	06　160	07　164	08　168	09　171	10　175	11　178	12　181	13　184	14
	14　188	15　190	16　193	17　196	18　199	19　208	20　214	21　218	22　223	23　230	24　236	25	26	27	28

溫度設定　進豆⇒　第一次爆裂⇒　第二次爆裂⇒	①	③
制氣閥設定　全開⇒　蒸焙⇒　第一次爆裂⇒　第二次爆裂⇒	②	④
206　231　23:24　Best Point		

豆　排氣　時間

「啪嘰啪嘰」的聲音。甘甜味道傳出，豆子開始膨脹。豆子由膚色轉爲褐色。第一次爆裂約持續二分鐘。制氣閥維持一半的位置。皺褶開始產生。

（7）二十二分鐘後，注意時機打開「排氣」模式（打開範圍爲三分之二到全開）。排氣模式在第二次爆裂期前進行，排出揮發成分與煙。

（8）二十三分鐘後開始第二次爆裂。豆子會發出「霹嘰霹嘰」的小小聲音，膨脹成大顆粒，顏色稍帶黑色。在第二次烘焙後的三十到四十秒間隔中，烘焙急速進行。第二次爆裂大約持續二分鐘。這段期間煙與揮發成分大量排出。制氣閥全開。

（9）豆子的顏色漸黑。終於進入義式烘焙階段。二十五分鐘後停止烘焙，打開冷卻槽的攪拌開關，一口氣讓豆子落進槽中，制氣閥轉向「冷卻」，開始冷卻豆子。

※烘焙重點

A型的豆子比較軟，因此不論烘焙技術多拙劣，只要火力不要過大，都能烘焙均勻。經過爆裂後豆子充分膨脹，顏色也均勻分布，容易判斷烘焙停止的時機。幾乎不會產生D型硬豆那樣的黑色皺褶。

●坦尚尼亞AA

烘焙機／富士皇家（Fuji Royal）五公斤烘焙機（半熱風式）

烘焙量／四公斤

生豆含水率／12%

（1）運轉暖氣預熱。

（2）火力爲弱火。制氣閥轉至「蒸焙」模式（全開的四分之一處）。

（3）鍋爐溫度達180℃時放入生豆。隨後排氣溫度下降至150℃左右，時間大約花費二分三十秒。

（4）四分鐘後制氣閥全開，讓微塵細屑排出。一分鐘後再度將制氣閥轉回「蒸焙」。

（5）這段時間，豆子顏色由濃綠轉爲膚色，十一分鐘左右變爲焦褐色。黑色皺褶產生，中央線白色的部分相當明顯。脫水後，豆子收縮，體積達最小。蒸焙到十六分鐘左右，制氣閥轉至一半的位置開始「烘焙」。

（6）十八分鐘後第一次爆裂開始，發出強有力的「啪嘰啪嘰」爆裂聲。豆子看來大了一圈，但是皺褶還未產生。第一次爆裂大約持續二分鐘。

（7）可以聞到甘甜芳香的味道。焦褐色變成淺褐色，再變成褐色。煙漸漸產生。在第二次爆裂開始前抓準時機將制氣閥轉爲「排氣」（三分之二到全開的位置）。褐色加深，黑色皺褶漸漸消失，但表面仍舊凹凸不平。

（8）二十二分鐘後，第二次爆裂開始，發出小小的「霹嘰霹嘰」聲。溫度漸漸上升，煙與揮發成分大量產生。豆子帶點黑

坦尚尼亞AA的烘焙

①豆子鬆軟的狀況

②豆子脫水後萎縮的狀況

③第一次爆裂開始前

④第一次爆裂結束時

⑤第二次爆裂開始時

※ A～D 請參照109頁的烘焙過程表

色，皺褶終於充分伸展。第二次爆裂持續二分鐘左右。

（9）二十三分鐘後制氣閥全開，排出煙與揮發成分。二十四分鐘後在全烘焙階段停止。將烘焙好的豆子快速冷卻。

※烘焙重點

坦尚尼亞或哥倫比亞這類肉厚質堅的D型豆，透熱性差因而烘焙困難。採用中度烘焙，則膨脹性差，豆面上會殘留黑色的皺褶。烘焙此型豆子的訣竅在於蒸焙的時間要延長，讓黑色皺褶消失；完全脫水後慢慢烘焙到豆子中心。如果皺褶沒有充

表20　Meister烘焙機五公斤的烘焙紀錄卡（巴拿馬）

烘焙者	2003年 8 月 12 日 AM/PM 9 時 10 分		天氣 ○⊗◎		氣溫 29.8℃
咖啡名稱 巴拿馬	烘焙量 4.0 Kg	(M-5)・M-10 ⇒ 第 2 回		生豆水分 9.8 %	室溫 27.4℃
目的 檢查烘焙過程	烘焙程度 S☑	CpT 00 01 Ber Bst		Tipe D C B (A)	濕度 %

		1	2	3	4	5	6	7	8	9	10	11	12	13	14
微壓計 0設定	0.95														
	14	15	16	17	18	19	20	21	22	23	24	25	26	27	28
		1	2	3	4	5	6	7	8	9	10	11	12	13	14
制氣閥 0設定	1.0				10.0	1.0									
	14	15	16	17	18	19	20	21	22	23	24	25	26	27	28
			4.0			7.5									

中間點	第一次爆裂⇒		第二次爆裂⇒		結束	Cpt 00 01 Ber Bst
1分37秒	16分40秒	19分00秒	23分40秒	25分10秒	27分08秒	＋ ・ － ⇒ . 〃
烘焙 89	烘焙 178	烘焙 189	烘焙 204	烘焙 209	烘焙 212	NewRor
排氣 183	排氣 206	排氣 206	排氣 209	排氣 212	排氣 214	NewUse

	00	01	02	03	04	05	06	07	08	09	10	11	12	13	14
烘焙溫度	180	92	92	103	112	120	127	132	138	142	147	151	156	161	
	14	15	16	17	18	19	20	21	22	23	24	25	26	27	28
	165	170	175	181	186	189	192	195	198	202	205	207	210	212	
	00	01	02	03	04	05	06	07	08	09	10	11	12	13	14
排氣溫度	230	188	181	179	179	174	178	182	185	187	189	192	194	197	
	14	15	16	17	18	19	20	21	22	23	24	25	26	27	28
	199	202	205	207	208	207	205	205	207	208	210	211	213	214	

溫度設定　進豆⇒180第一次爆裂⇒178 第二次爆裂⇒188	①	③
制氣閥設定 全開⇒4'00"蒸焙⇒1.0第一次爆裂⇒4.0第二次爆裂⇒7.5		
199　207　22:38　Best Point	②	④
豆　排氣　時間		

表21　Meister烘焙機五公斤的烘焙紀錄卡（坦尚尼亞）

烘焙者	2003年 8 月 12 日 AM/PM 9 時 50 分		天氣 ○⊗◎		氣溫 29.5℃
咖啡名稱 坦尚尼亞	烘焙量 4.0 Kg	(M-5)・M-10 ⇒ 第 3 回		生豆水分 12 %	室溫 27.0℃
目的 檢查烘焙過程	烘焙程度 S☑	CpT 00 01 Ber Bst		Tipe (D) C B A	濕度 %

		1	2	3	4	5	6	7	8	9	10	11	12	13	14
微壓計 0設定	0.95														
	14	15	16	17	18	19	20	21	22	23	24	25	26	27	28
		1	2	3	4	5	6	7	8	9	10	11	12	13	14
制氣閥 0設定	1.0				10.0	1.0									
	14	15	16	17	18	19	20	21	22	23	24	25	26	27	28
		4.0			7.5										

中間點	第一次爆裂⇒		第二次爆裂⇒		結束	Cpt 00 01 Ber Bst
1分39秒	16分19秒	18分11秒	22分18秒	25分00秒	26分51秒	＋ ・ － ⇒ . 〃
烘焙 89	烘焙 181	烘焙 187	烘焙 200	烘焙 208	烘焙 213	NewRor
排氣 181	排氣 206	排氣 208	排氣 207	排氣 211	排氣 215	NewUse

	00	01	02	03	04	05	06	07	08	09	10	11	12	13	14
烘焙溫度	180	92	93	103	114	123	130	136	141	146	151	156	160	165	
	14	15	16	17	18	19	20	21	22	23	24	25	26	27	28
	170	174	180	184	187	189	192	196	200	203	206	208	211		
	00	01	02	03	04	05	06	07	08	09	10	11	12	13	14
排氣溫度	227	187	179	178	179	175	179	183	186	189	191	193	196	199	
	14	15	16	17	18	19	20	21	22	23	24	25	26	27	28
	201	204	206	207	208	206	205	206	207	208	209	211	214		

溫度設定　進豆⇒180第一次爆裂⇒178 第二次爆裂⇒188	①	③
制氣閥設定 全開⇒4'00"蒸焙⇒1.0第一次爆裂⇒4.0第二次爆裂⇒7.5		
205　209　23:50　Best Point	②	④
豆　排氣　時間		

分伸展開的話，咖啡會香氣少且味道重。

＊　＊

這裡提出的烘焙範例是兩個極端的對比，但重點在於兩者皆屬「第一次爆裂前」的豆子；也就是只要把蒸焙中（第一次爆裂期前的脫水階段）的豆子拿來相比，就可以知道何者爲淡口味咖啡，何者爲重口味咖啡。判斷標準是「顏色」、「膨脹度」與「黑色皺褶」三項。

巴拿馬這類長型平豆能夠充分膨脹，幾乎沒有黑色皺褶。另一方面，坦尚尼亞屬於短型圓豆，透熱性差因而滿佈黑色皺褶。這種豆子酸味強烈，味道厚重。味道的輕重並非美味與否的評分點。只是很單純的敘述罷了。

由烘焙紀錄卡便可得知烘焙溫度與排氣溫度；放入生豆後，鍋爐的溫度一度下降，隨後又再度上升，溫度上升曲線呈拋物線狀緩緩向上。

有些人會在第一次爆裂開始後調降火力，第二次爆裂開始時又再度調降一次。這些人恐怕用的是火力過強、排氣能力過高的烘焙機吧！火力應該盡可能維持一定，以制氣閥進行微調即可。

若在第一次爆裂之後調降火力，膨脹的豆子會收縮，使得煙與揮發成分因爲內壓而無法排出，這就是造成煙薰味的原因。最理想的狀況是盡可能不要調整火力。

增加燃燒器或者排氣風扇都沒錯，但這些只會讓烘焙手續更繁複，對於操控只有百害而無一利。

●談談咖啡交易

咖啡的國際期貨交易市場數十年來未變，過去最高價的時候每磅五十到五十五美分，現在已是每磅七十美分的價位。我訪問哥倫比亞的生產農家時，園主表示若是每磅能夠漲到八十美分，莊園就不會倒閉了。

市場低迷的原因主要在於生產過剩。越南與中國等新加入的咖啡生產國威脅到舊有生產國也是原因之一。生產國莊園工資一天大約是二塊美元，但COE（Cup Of Excellence，優質咖啡）的網路拍賣價格是由一塊美元起跳。精品咖啡的市場若能夠擴展，相信對貧窮的生產國家會有助益。我期待那一天的到來。

4・6 停止烘焙的訣竅

烘焙中最重要的就是停止烘焙的技術；若能正確停止烘焙，就能跨入創造咖啡風味的世界。停止烘焙的基準爲何？又該如何停止呢？我們一起來看看。

■停止烘焙的重要性

如果能夠順利達到自己所預估的烘焙度，又能剛好在最佳時間點上停止烘焙，這是多麼美好的事啊！然而實際上些微烘焙不均是正常的，而能在最佳時間點停止更是夢想中的夢想，不可能如你所願那麼順利的。學習烘焙技術時必須要學會的技巧，就是不論在什麼狀態下都能正確停止烘焙。若學不會這點，就無法登入創造風味的殿堂，也學不會火候與制氣閥的調整了。

決定咖啡味道的主要原因多半在於烘焙度。這點我已經再三強調。烘焙停止的時機不對、烘焙度稍有偏差，咖啡的味道就不是正常的味道。而喝的時候發現摩卡不是摩卡、綜合不是綜合，更沒有資格稱爲咖啡專家。

另外，若不能正確停止烘焙，就無法以火候或者制氣閥調整味道。若無法掌握改變味道的原因，就無法製作出想要的咖啡味道。

這裡再提一次到烘焙完成爲止的過程。首先是第一次爆裂，在第一次爆裂結束前豆子一般都有強烈酸味且澀味未除，因而喝起來不順口。第一次爆裂結束的階段爲中度烘焙；烘焙繼續順利進行的話，大約二分鐘後會開始第二次爆裂；由第二次爆裂起就進入中深度烘焙（城市烘焙～深城市烘焙）階段。

第一次爆裂開始到結束約二分鐘，到第二次爆裂開始的間隔約二分鐘，第二次爆裂開始到結束約二分鐘，第二次爆裂結束就進入深度烘焙（法式烘焙～義式烘焙）階段。進入深度烘焙，豆子的油脂成分被烘焙出來，顏色變成帶有光澤的黑色，苦味也增強。

以上是大致的流程。愈到後面幾分鐘愈難抓對烘焙停止的時間點，特別是第二次爆裂前後的味道與顏色變化激烈，僅僅幾秒間的差異，味道就會完全不同。再加上烘焙中的豆子離火後鍋子裡或者豆子本身還有餘熱，沒有立刻冷卻，烘焙就會繼續進行。因此必須連餘熱的部分也算進去，才能找到正確停止烘焙的時間點。

■正確停止烘焙的基準

烘焙時要以哪一點爲基準判斷正確停止烘焙的時間點呢？我將可以作爲判斷基準的項目列舉如下：

◎豆子溫度
◎豆子顏色
◎香氣
◎聲音
◎豆子形狀
◎烘焙時間
◎豆子光澤

表22　巴拿馬的烘焙過程表

項目	過程（0→A→B→C→D）
聲音	堅硬 恰恰恰 → 變軟 颯颯颯（A）　再度稍微變硬　（B）第一次爆裂↓ 啪嘰啪嘰　（C）　（D）第二次爆裂↓ 霹嘰霹嘰
顏色	生豆為淺青白色　（A）青白色　淺膚色　漸漸變成褐色(偏紅)（B）　（C）變濃褐色（D）　帶點黑色　褐色變黑色
火力	中間點↓（A）在此不調整火力狀況亦佳 視溫度上升速度調節　（B）要注意爆裂速度與第二次爆裂開始的時間 視速度狀況調節（C）（D）視速度狀況調節　★小心著火 豆質柔軟嚴禁急速加熱。火力標準以不讓這杯咖啡品質不均為原則。
制氣閥	（A）蒸焙模式　（B）烘焙模式　（C）（D）排氣模式　排氣全開
烘焙溫度	90℃↓（A）　130℃　140℃　（B）180℃　（C）190℃　（D）200℃‥‥‥（大約220℃左右）
排氣溫度	180℃進豆　150℃↓（A）　170℃　180℃　（B）200℃　（C）210℃　（D）220℃‥‥‥（大約220℃左右）
時間（分）	2～3'　5～7'（A）　9～11'　14～16'（B）　（C）大概的標準 18～20'（D）　20～23'　20～25'
香氣	青草味（A）　稍有青草味　（B）芬芳甘甜的香氣　在C點香氣轉變↓（C）（D）　增強　變成燒焦味
形狀	（A）鬆軟　產生水蒸氣　萎縮（B）膨脹　（C）皺褶消失，豆子伸展 開始產生煙、揮發成分‥‥‥→（D）　變得更大 煙增多

表23　坦尚尼亞的烘焙過程表

項目	過程（0→A→B→C→D）
聲音	堅硬 恰恰恰 → 變軟 颯颯颯（A）　再度稍微變硬　（B）第一次爆裂↓ 啪嘰啪嘰　（C）　（D）第二次爆裂↓ 霹嘰霹嘰
顏色	濃綠色　（A）淺褐色　濃褐色　練習時可用切割器將豆子切開 觀察中央漸層的褐色（B）　再度變成濃褐色（C）（D）　帶點黑色的褐色 變成黑色
火力	中間點↓（A）視溫度上升速度調節　（B）視速度狀況調節（C）（D）視速度狀況調節　★小心著火
制氣閥	（A）蒸焙模式　水分脫除後稍稍增加火力　（B）烘焙模式　（C）（D）排氣模式　排氣全開
烘焙溫度	↓90℃（A）　130℃　145℃　（B）180℃　（C）185℃（D）→195℃‥‥‥‥（大約220℃左右）
排氣溫度	180℃放入　↓150℃（A）　170℃　180℃　（B）200℃　（C）210℃　（D）220℃‥‥‥‥（大約220℃左右）
時間（分）	在第一次爆裂前還有充分的時間去除水分。接著調節適當火力。 5'　7'（A）　10'　（B）17'　（C）大概的標準 21'（D）　25'
香氣	青草味（A）　稍有青草味　要注意第一次爆裂之前的香味變化 芬芳甘甜的香氣（B）　在C點香味改變↓（C）（D）　增強　變成燒焦味
形狀	開始鬆軟（A）　產生水蒸氣　萎縮（B）膨脹　豆子在B～C這段時間內充分伸展 皺褶消失，豆子伸展 開始產生煙、揮發成分‥‥→（C）（D）　變得更大 煙增多

A＝鬆軟　B＝第一次爆裂前　C＝第一次爆裂結束　D＝進入第二次爆裂

※A～D對應103、105頁的照片

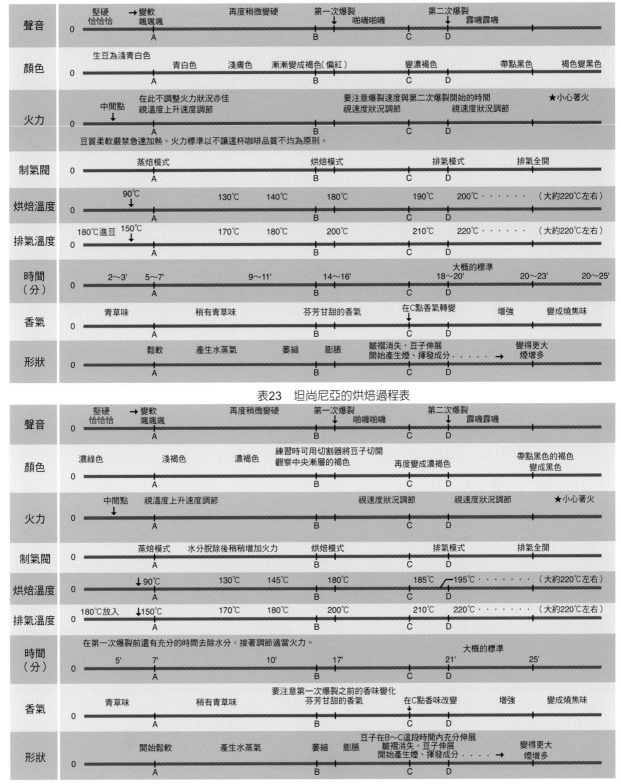

這些項目中最重要也最值得信賴的是哪一項？

物理上的說法是「功等於作用力與物體運動距離的乘積」，若將這項定律套用到咖啡烘焙上，溫度（火力）與烘焙時間的關係，簡單的說就是「高溫烘焙則時間短，低溫烘焙則時間長」。

依據此「溫度」與「烘焙時間」的關係，若能將溫度固定在某個程度，就能自動估算出烘焙時間，也就能抓到烘焙停止的時間點。這種想法乍看之下好像沒錯，實際上卻不可行。因為每一鍋的餘熱變化不同，且冬天、夏天的基礎溫度也不同，還有每一回烘焙的豆子量也不同。相同火力下豆子量少當然烘焙時間就短了。光是以「時間」作為判斷烘焙停止的標準是行不通的。

那麼以「聲音」判斷呢？確實第一次爆裂與第二次爆裂的聲音可以明顯區別，但其中也有些小豆子爆裂較早，果肉厚的大豆子不易爆裂的問題；再加上爆裂聲音有大有小，千差萬別。個別差異太多會導致平均值取得不易，因而也無法作為基準。

「顏色」倒是可以參考的項目，也是最重要的項目。為何可以顏色判斷呢？因為只有顏色這點是不論發生什麼變化，都必然會變成某個固定顏色。也就是說，變化的時間或許不同，但變成的顏色一定相同；這項原則可推及於各種咖啡。若沒有這項原則，則烘焙度的概念沒有任何意義。

若像古巴或巴拿馬咖啡一樣，以單純的方式烘焙，顏色變化就會相當標準。但若像曼特寧一樣，顏色變化沒個準則；一開始是深色，豆子一膨脹就變成灰色，讓整體顏色看起來較淡，接著又變成褐色。

再繼續進入深度烘焙階段時，豆子變成黑色；這黑色是多黑的黑色呢？只有表面是黑色嗎？變成黑色要花多久時間呢？有時光用顏色無法判斷烘焙度進行的狀況。

每種咖啡或多或少都有這種情況，光以「顏色」判斷正確的烘焙停止時間會產生失誤，這時就必須靠「時間」這項次要因素的幫助。這樣一來，由哪種顏色開始？花了多少時間變化？當火力固定時，該烘焙到什麼程度？這些問題都能夠得到某種程度的預測結果。

但是次要因素仍舊是次要因素，主要還是得仰賴「顏色」為判斷基準，再加上固定的次要因素「形狀」與「光澤」。也就是說，最重要的是「顏色、形狀、光澤」，光靠這三者無法做出判斷時，再加上「豆子溫度」、「香氣」、「聲音」、「烘焙時間」等次要因素作判斷。「煙的產生方式以及量」也可以加入次要因素，因為進入深度烘焙階段，能夠依據煙產生的方式大致預測烘焙進行的狀況。

●Espresso Bar（濃縮咖啡吧）

被稱為「西雅圖系列」的咖啡也是濃縮咖啡吧的一支。七〇年代開業的星巴克（Starbucks）是其代表之一；創業之初還只是小規模的公司，由只有五間店面的小公司成長至全美前幾名大企業是一九八七年一位名為霍華・雪茲（Howard Schultz）的企業家買下之後。九〇年代它更有令人驚異的成長。

登陸日本是在一九九六年。銀座松屋通開設第一家店，以全樓層禁菸引人注目。濃縮咖啡吧（或稱咖啡吧）所販售的是稱作Dark Roast Coffee的深度烘焙咖啡，但它的烘焙深度是屬「深城市」，而非「法式」或「義式」，意即它是屬於「中深度烘焙」（我認為最能讓咖啡散發出豐富香氣與味道的烘焙度，經過「第二次爆裂」階段）。

在美國最支持咖啡吧的是知識分子階層的年輕菁英。過去他們喝的都是一杯五十到七十五美分的美式咖啡，而現在他們的喜好由淺度烘焙轉而傾向深度烘焙。美國媒體稱這種現象為「咖啡復興」。

為何會興起這種現象眾說紛紜，無法否定這與八〇年代後半開始，美國長期景氣良好亦有關係。消費慾若不夠高，一杯二美元的咖啡就不可能賣那麼好。其他原因就是商品與店內裝潢的吸引力了。

日本的咖啡店和餐廳欠缺的就是像星巴克一樣的「品牌建立」，以及「顧客本位」的思考方式。星巴克可以依照個人喜好選擇要低脂牛奶或無脂肪牛奶，也可以調整溫度或量，還可以自由選擇是否追加糖漿與鮮奶油。這種做法是日本餐飲界欠缺的。

另外，星巴克採用的咖啡豆總體來說都是良質品，這也是討➘

■咖啡豆的「爆裂」

這裡稍微離題一下，談談「咖啡豆爲何會爆裂」。幾乎所有的豆子都會經過兩次爆裂。假設此咖啡生豆品質均一，理論上在同樣的烘焙條件下，鍋中的豆子會同時爆裂，同時發出一聲爆裂聲便結束。

然而事實上不管豆子品質多麼一致，爆裂至少會持續二分鐘左右。這代表了什麼？這表示在外表上看來已經一致的豆子，實際上透過爆裂時間就可清楚還有品質不均的地方。

像古巴或者哥倫比亞這類品質穩定的豆子，一發出爆裂聲就開始進行爆裂，然後聲音漸小。主要由「漸強（cresc.）」變成「漸弱（decresc.）」。但是譬如摩卡這類品質不均的豆子，一部份很早就發出爆裂聲，還以爲第一次爆裂開始了，卻等了一陣子才開始進入第一次爆裂，且爆裂時間相當長。由此就可看出其豆子的品質差異有多大。

此時最重要的是先停止繼續烘焙這些爆裂豆。如果不這麼做，豆子會帶著第一次爆裂時的不均進入下一個烘焙程序，即使外表上看來烘焙平均，事實上裡面卻摻雜了烘焙度不同的豆子，這樣一來會使咖啡的味道變重。

豆子是鬆軟的、緊縮的、膨脹的，這些外表上的「形狀」較容易有個標準，但是「光澤」這項該怎麼辦？將這「光澤」想爲「油光」應該較好理解。通常咖啡豆在第一次爆裂結束左右，油脂成分就會出現在豆子表面而發出「油光」。新豆等較快產生油脂，這些油脂的量與滲出的速度也是判斷烘焙停止的標準。

■練習停止烘焙

停止烘焙的判斷標準是「顏色、形狀、光澤」。了解的話，我們就來練習最容易觀察顏色、形狀變化與光澤狀況的中度到中深度烘焙吧！

這個階段的咖啡最廣泛用來作爲商品販賣，因爲佈滿皺褶、表面凹凸不平的豆子已經充分膨脹且產生光澤，顏色也由橘色變成褐色，並且漸漸偏黑。這個階段的烘焙度比較便於觀察其變化。

由此階段進入深度烘焙後，就很難依據「顏色、形狀、光澤」判斷。「顏色」的話，豆子已是全黑，無從判斷；「光澤」的話，已過了差異明顯不同的階段，油脂已佈滿豆面。再加上過了第二次爆裂期豆子皺褶四起、膨脹得厲害，也無從由「形狀」判斷了。因此深度烘焙階段不適合用來練習停止烘焙。

要清楚判斷豆子顏色的差異必須具備什麼條件？就是以下二者。

1 顏色記憶

2 樣本

➘喜之處。該公司的生豆採買相當嚴格，只選擇篩網尺寸15以上的豆子，並徹底清除瑕疵豆。但萃取出的咖啡還是有缺點；豆質雖佳，但烘焙豆是由美國進口到日本，新鮮度上難免較差，這點至今仍是令人惋惜之處。

在說明這兩點之前，我先稍微談談烘焙室的照明問題。烘焙室必須夠明亮，而且光源不能採用日光燈，必須使用白熾燈，折射燈更好。折射燈在燈泡內側裝有鋁製反射鏡，光源範圍廣、效率高。

爲何不能使用日光燈？首先陰影對比不夠就難以產生立體感，還會把咖啡豆的顏色全看成是蒙了層灰的黑色。不易產生陰影，豆子無立體感，形狀變化就難以判斷，表面的微妙凹凸也難以分辨。

這裡舉哥倫比亞新豆爲例。此豆屬不易產生皺褶的硬豆，對於烘焙者來說是極富挑戰性的豆子，在第二次爆裂後半期豆子表面才會產生些微凹凸。在此時停止烘焙的話，就能得到味道平衡感極佳的咖啡，但此些微的凹凸在日光燈下是看不到的。結果會一直烘焙到皺褶滿佈才停止。

烘焙的基本在讓豆子生出皺褶，充分膨脹，但並非只要生出皺褶就好了。哥倫比亞咖啡豆烘焙到滿是皺褶時味道會偏苦。在日光燈下就無法依此微妙的徵兆判斷應該停止烘焙。

回到前面的話題。1是「顏色記憶」。多數人不靠顏色記憶而以第2項的「樣本」爲判斷依據，但樣本也不見得可信。如果樣本色的烘焙度是味道產生激烈變化時的顏色，其他豆子即使烘焙到相同顏色，味道也不會和樣本相同。

烘焙豆的顏色會隨著時間產生油脂而變黑，難以分辨豆子的原色；再加上採用中度到中深度烘焙的豆子隨著時間愈久顏色會愈深，遇上濕氣豆子會更黑。若誤以爲同一種咖啡顏色就應該那麼深而繼續烘焙，也就是說，爲了要跟樣本的顏色一樣而繼續烘焙，可就大錯特錯了。因此必須事先記錄豆子隨時間產生的變化，才能判斷停止烘焙的時間。

而這時就必須仰賴「顏色記憶」。巴哈咖啡館通常一烘焙完畢就立刻進行手選；因爲一次烘焙的豆子約四公斤，要將烘焙甫結束的豆子顏色用眼睛記下來是可行的。將咖啡豆剛烘焙好的顏色牢牢記住，就能判斷樣本顏色因爲時間而產生了怎麼樣的變化。

另一方面，也有人使用印製的顏色樣本，這些顏色不外乎是人工製造，與實際顏色吻合的情況少之又少。最好的方法是定期更換新的烘焙豆樣本。

■咖啡豆的狀態與停止烘焙的時間點

前面我已經提過咖啡豆爲什麼會爆裂，不管是品質多麼均一的豆子，實際擺上火爐大約會持續爆裂二分鐘左右，也就是說，「二分鐘的爆裂等於二分鐘時間的品質不均」。

同樣的咖啡中也有成熟度較高、較柔軟、膨脹狀態佳的豆子，也有未成熟、水分含量多、延展性差的豆子。這裡要請讀者記住，「鍋中同時存在著先爆裂膨脹的豆子，以及二分鐘後

●咖啡與砂糖

有人說精通咖啡的人就要喝黑咖啡，但事實上喝黑咖啡的只有日本人，歐美國家或者咖啡生產國喝咖啡都加牛奶或砂糖，或者香料、利口酒。喝黑咖啡的被認為是異類。

談到砂糖，最適合咖啡的是精製細砂糖；砂糖精製的純度愈高，甜味愈清爽，因此精製細砂糖最適合咖啡使用。另一方面，黑糖或和三盆糖等個性強烈的砂糖就不適用。

砂糖具有掩蓋澀味與酸味的作用；加入酸味過強的淺度烘焙咖啡中，砂糖具有緩和作用。另外還有咖啡加鹽不加糖的說法。十九世紀的法國文豪巴爾扎克喜歡咖啡到甚至出了本《當代興奮劑考》，但他卻是在咖啡中加入粗鹽飲用。我也試過這種喝法，原以為會是鹹的咖啡卻意外的相當甘美順口，巴爾扎克果然慧眼識英雄。

才開始爆裂的豆子」。

一邊是顏色、形狀、光澤皆如樣本般的烘焙豆（稱之爲A）；一邊是充滿皺褶、中央線未綻開的豆子（稱爲B）。將兩種豆子以相同火力與時間加熱，就可明顯看出品質不均的情況。該如何將這些不均的豆子烘焙到預定的烘焙度呢？

假設我們只以「顏色」作爲判斷停止烘焙的基準，若以A的顏色決定烘焙停止，則B豆還有二分鐘才會到達該顏色，結果整體的烘焙度會變得比想像中淺。假設以B豆的顏色爲準，以爲豆子表面覆滿黑色皺褶就是烘焙夠了而停止，這樣會做出烘焙度更淺的咖啡。

在A和B之間還有各種情況的豆子，有透熱性差的豆子，也有透熱性佳的豆子；有未成熟的豆子也有成熟的豆子。具體的情況整理如表24所示。

表中正在進行烘焙的豆子依形狀分爲1〜5類，可以把它想成是同一個鍋子中有1〜5類的豆子。主要是1〜3這三種，5則介於1、2之間，4則介於2、3之間。1〜3類的豆子說明如下：

1中央線筆直延展開來。

2中央線扭曲，殘留皺褶，稍微有些尺寸不合。

3中央線與皺褶無法區分，皺巴巴的。

表24　烘焙停止的時間點

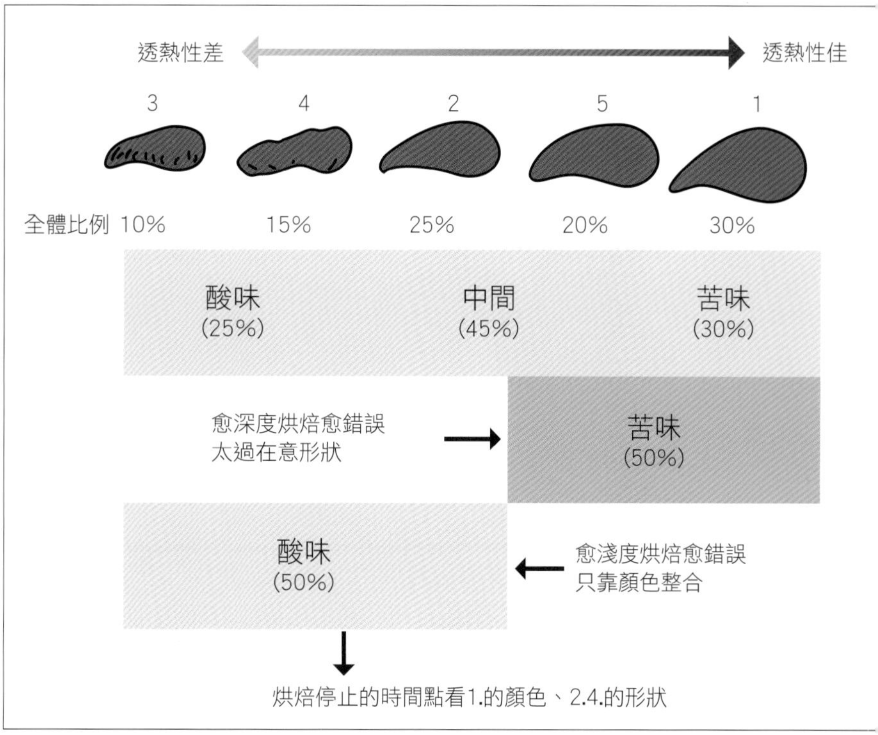

由此表可得知，哪種豆子佔的比例較多，就能左右咖啡的酸苦傾向。

以取樣杓觀察豆子的顏色，佔了50％的1和5已到達可以停止烘焙的顏色了，而另外50％的2、3、4還未到達，這樣一來就必須將4烘焙到2或5的顏色才能停止烘焙。如此味道的平衡才會格外出色。

我不斷重複，咖啡烘焙度愈淺則酸味愈強，愈深則苦味愈強。考慮酸味與苦味間的平衡而把2烘焙到1、5的程度才停止的話，3與4是25％的酸味，酸、苦味平衡中間值的2和5佔45％，剩下的1是30％的苦味。

這些終究是紙上談兵，真正實踐起來沒那麼容易。想要烘焙到與1、5相同顏色時就看4，當4烘焙到與2相同的膨脹度、皺褶消失時就可以停止烘焙。理論上這種做法的味道誤差最少，但是，與其揮汗如雨的不斷找尋最適合的烘焙停止時間，更聰明的方法是一開始就選購品質均等的豆子。

■停止烘焙的最佳時間帶

下面的照片是將烘焙停止點假設為A到D四類型（請參照「系統咖啡學」）。橫向是A到D四類型，縱向的（a）、（b）、（c）表示停止烘焙時機的容許範圍；中央的（b）是最佳停止時間點，上面的（a）是稍微烘焙過頭的豆子，下面

淺度烘焙、深度烘焙與最佳烘焙停止時間點（Best point）。傾向（a）會增加二到三成苦味，傾向（c）則微妙的酸味取勝。基本上（a）～（c）皆屬烘焙的「最佳時間帶」，在這個時間帶內皆可以自由停止烘焙。原則上A型的（a）與B型的（c）味道與色澤相近。

●聰明的咖啡豆保存法

或許你會以為咖啡豆經過烘焙後水分已全數脫除，事實上烘焙豆還保有1～1.2％的水分。脂肪也視豆子不同而殘留有1.9％左右，除此之外，豆子中還含有蛋白質與碳水化合物等成分。

因而保存烘焙豆必須多方考量；將之裝入紙袋中，隨手放置於接近天花板或地板或者流理台下面是不行的，潮濕的地方會讓豆子漸漸氧化。一般來說，溫度每上升10℃氧化的速度就會增加一倍。

常可看到茶館或咖啡豆專賣店將豆子放在店頭販賣，卻沒注意紫外線與日光直射對豆子的傷害。這樣的水準就是日本的現況。我並非生氣，而是可悲那些買到酸敗咖啡的不知情客人。咖啡要在烘焙後兩個禮拜內使用完畢，保存環境再好最多也只能放到二十天（常溫保存），希望大家記住這點。

的（c）是稍微烘焙不足的豆子。

照片中的第一列是多烘焙了幾秒鐘（五秒左右）的咖啡豆，光是多烘焙這幾秒苦味就增加了。相反的第三列是少烘焙了幾秒鐘（五秒左右）的咖啡豆，僅僅這幾秒就會使咖啡傾向酸味。

要在對的時間點停止烘焙最爲困難，也可以說是不可能。因此我將（a）到（c）的容許範圍稱爲「最佳時間帶」。「最佳時間帶」的範圍依烘焙度而異，大致上第一次爆裂期之後約十五秒的時間內皆屬容許範圍。

不容否認以上關於烘焙的技術稍偏難，而本書卻用理論性的口吻來談；即使豆子外表顏色看來相同，內在卻相當不均；烘焙較快的豆子與烘焙較遲的豆子之間，分布著「苦味派」、「酸味派」以及「中間派」。爲了讓讀者了解，我不得不講得理論些。

不論如何，「顏色、形狀、光澤」是三大要素，最重要的是「顏色」；顏色有明顯變化時，不要猶豫，停止烘焙吧！初學者傾向於觀察豆子「形狀」，待皺褶出現才停止烘焙，這樣會烘焙過頭。太注意豆子反而容易出錯。

首先先觀察大致的「顏色」，快速判斷停止烘焙的時間，不斷反覆這個步驟並自由配合上「形狀」、「光澤」，以及其他兩項次要因素。至於最終的味道判斷，就交給杯測了。

4・7 杯測的方法

不論烘焙、萃取技術如何優秀，倒入杯中的液體品質粗糙，則一切都是空談。最後常被問到的是杯子的內容物如何。在此我來介紹新、舊杯測法。

■最後確認咖啡味道的「杯測」(Cup Testing)

不論嘴巴上說的是怎樣的高調、擁有怎樣卓越的技術，最重要的都是杯中液體的味道。如果那液體味道相當低劣，那麼理論與技術都是空談了。

最後確認咖啡味道的手續稱爲「杯測」(Cup Testing)，但是這道手續可不是隨便試試而已。「這杯咖啡酸味太強了」這樣主觀的判斷與感想只會使頭腦堵塞，無法讓人聯想如何改善烘焙。

爲何會產生強烈的酸味呢?直接追究原因，就必須從烘焙過程的第一步開始，這裡就可看出烘焙紀錄卡（請參照104、106頁）的重要性了。沒有做烘焙紀錄的話，即使烘焙出理想的作品，下一次要再烘焙出同樣東西時該怎麼做就沒有依據了。什麼地方做出怎樣的改變能有好的變化或者不好的變化，就沒有客觀的證據了。

我現在在主持「巴哈咖啡集團」學生們的研習會，倘若席間出現關於生豆的疑問，我回答問題時會附上生豆、烘焙豆兩者樣品的烘焙紀錄卡，以及杯測紀錄卡。如此一來究竟問題出在哪裡便可一目瞭然。這就是杯測需配合烘焙紀錄卡的原因。

■各式各樣的杯測法

「杯測」（Cup Testing，或稱爲Cupping、Tasting、Cup Tasting等）有各式各樣的方法，由於國際間並沒有統一的規則，因此生產國、消費國、企業或者個人都可依據各自的情形選擇適合的杯測方式。不過大致上的方式皆是以「巴西式」爲基準衍生出來的。

那麼，何謂「巴西式杯測法」呢?我們一起來看看吧!

●巴西式的杯測法

首先將烘焙好的咖啡中度研磨，取10公克放入杯中，注入150毫升的熱水。咖啡的烘焙度是「焦糖化測定器」(Agtron，請參照65頁）數值的65左右，約屬「肉桂烘焙」（在美國則屬

表-25　採購生豆專用的杯測表

目的　杯測　　烘焙度　4.0　　2003年　月　日　星期

咖啡名稱　巴拿馬　　烘焙完成後　第123456789天

萃取方式　濾紙　　萃取溫度　83℃　　器具　10 g　150 ml

項目	1	2	3	4	5	備考	項目	1	2	3	4	5	備考
酸味				○			圓潤					○	
苦味			○				發酵味						無
甜味				○			發霉味						無
香氣					○		土味						無
澀味	○						刺舌感						無
濃度			○				混濁度						無
醇厚度				○			不均度		○				
平衡度					○								

所見

表-26　從業人員味覺訓練專用的杯測表

姓名	2003年　月　日
咖啡名稱　巴拿馬　目的　杯測	烘焙度 4.0
萃取方法　濾紙	10 g　150 ml

項目	1	2	3	4	5	6	備考
苦味			○				
酸味				○			
甜味				○			
澀味							無
風味					○		
液體色澤					○		
形狀						○	
烘焙度				○			
所見							

淺、中度烘焙）的程度。「Agtron」是美國主要使用的烘焙度指標，以特殊的色差儀測量烘焙度。

接著，將浸入熱水中的咖啡粉用湯匙攪拌，聞聞香味。下一步是去除泡沫，以試匙舀起一匙咖啡液送入口中。爲了確認咖啡液的瑕疵，將液體吸入上顎，讓咖啡液在口中呈霧狀散開。這種方式不太優雅，但是這麼做可以確認異味與異臭。

根據這一連串的感官審查後將咖啡分級，分級的基準是「溫和（Soft）、艱澀（Hard）、碘味」三項。「溫和」是指具有柔順且優雅的酸味和濃厚的醇度；「艱澀」是指像柿子一樣的澀味；「碘味」就是石碳酸之類的味道。再由這三項細分出的東西我在第一章已經介紹過了。

以上是巴西式杯測法的感官審查，不過最近這種方式已經不時興，原因是消費國（特別是美國）認爲：「巴西的評價標準並不能得知與咖啡美味相關的風味特徵與優點。」

巴西並非不知道消費國的批判，他們也有話要說。原因在於巴西的杯測方式主要目的是爲了找出瑕疵味，原本就不是爲了評價咖啡個性與優點的系統。用巴西式杯測法找出瑕疵點然後分級的方式，稱爲「消極性杯測」（Negative Test）；相反的，以正面評價咖啡特性、個性的方式，稱爲「積極性杯測」（Positive Testing）。

兩個方法有其各自的目的與用途。但今日已是高品質精品

表-27　烘焙技術專用的杯測表

目的　杯測	烘焙度　4.0±	2003年　月　日　星期
咖啡名稱　巴拿馬	烘焙完成後	第123456789天
萃取方式　濾紙	萃取溫度　83℃	器具　10 g　150 ml

項目	1	2	3	4	5	備考	項目	1	2	3	4	5	備考
苦味			○				有芯						（全體）　無
酸味				○			有芯						（較快的）　無
澀味						無	有芯						（較慢的）　無
甜味				○			烘焙不均						（全體）　無
風味					○		烘焙不均						（單顆的）　無
醇厚度			○				液體色澤					○	
口感				○			濃度			○			
平衡（滑順度）					○		煙薰味						無
所見													

咖啡登場的時代，過去那種找尋瑕疵點的負面評價方式已經缺乏意義，取而代之，積極評價咖啡個性與香味的方式才是時代主流。

身為巴西咖啡最大進口國家的美國已將評價方式由「消極性杯測」改為「積極性杯測」，巴西也被迫於要大幅修正它的評價基準。原本以最普通的商業咖啡作為國際交易市場主力的巴西重複幾次實驗失敗後，終於將「Cup Of Excellence（COE，優質咖啡）」的評價方式透過巴西的生產團體傳入全世界。由此可見「積極性杯測」方式著實已成為主流。

＊　＊

巴西式的感官審查普遍適用於世界不特定的多數消費國。杯測所使用的烘焙度設定為「肉桂烘焙」，因為這個烘焙度能夠確實預測出淺度烘焙與深度烘焙時的味道變化。咖啡隨著烘焙度愈深，揮發的成分愈多，味道會改變，因此選擇成分揮發前的烘焙度，也就是以淺度烘焙來做杯測。

事實上還有另一個原因。巴西咖啡的最大進口國是美國。美國進入八〇年代後是淺度烘焙，也就是美式咖啡的全盛期。生產國巴西在杯測時會配合美國的習慣使用淺度烘焙也是理所當然的事。如果當時美國的烘焙方式是更深的，那麼巴西的杯測烘焙度必然更深。

但是巴哈咖啡館提供淺度到深度各種烘焙度的咖啡，我們認為，將適合淺度或者肉桂烘焙的咖啡改用法式或是義式烘焙並列入菜單，是相當冒險的事情。因為即使淺度烘焙後風味絕佳，也不見得表示該咖啡適合深度烘焙。

因此杯測不一定要統一採用巴西式杯測的肉桂烘焙度，適合深度烘焙的咖啡杯測時還是使用深度烘焙較佳。

生豆淺度烘焙後可以清楚發現其內含的瑕疵味。未成熟豆等一旦深度烘焙就和普通豆子一樣難以判別，但淺度烘焙就可以輕易從外表上分辨出它們的不同。

對於第一次使用的生豆，巴哈咖啡館首先會用淺度烘焙，然後杯測，味道好的話就將它烘焙到預定的烘焙度，再一次杯測。淺度烘焙的杯測具有相當的優勢，但是光是知道瑕疵味，並不代表了解整體的味道。不論何種咖啡要進行杯測，最好將之烘焙到第二次爆裂的前期，因為在第二次爆裂的前期，會產生豐富的香味與美味。

雖然SCAA（美國精品咖啡協會）的香味評價採用Agtron 50左右（城市烘焙）的烘焙度，但是咖啡的豐富風味沒有進入第二次爆裂期是不會出現的。希望各位能夠了解這點。

以下是SCAA與巴哈咖啡館的杯測手法比較。

●SCAA式的杯測

杯中放入中度研磨的咖啡粉（約8公克），搖晃一下聞聞香氣（Fragrance）。注入150毫升的熱水蒸煮三分鐘。將膨脹

圖17　咖啡杯測的味環

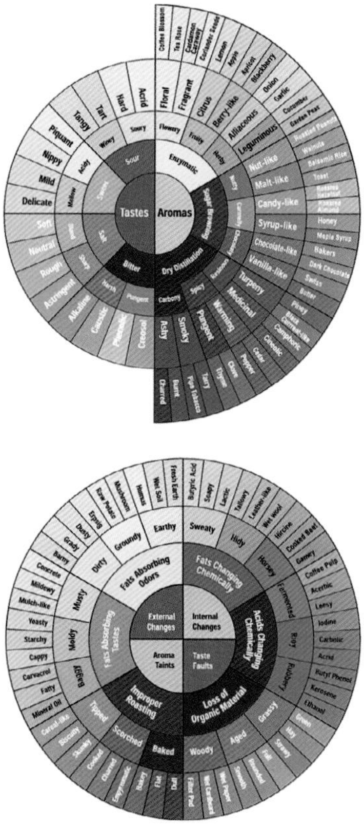

●此圖稱為「咖啡杯測味環」，由「咖啡香味評估表」（上）與「咖啡香味缺陷表」兩張組成。所有的香味用語由SCAA杯測委員決定，每種味道皆有嚴格的定義。（http://www.scaa.org/index.cfm?f=h）

成圓丘狀的咖啡粉層以湯匙切開。此時將鼻子湊近杯子，聞聞剛煮好的咖啡香味（Aroma）。

接下來用湯匙將咖啡液上層的泡沫除去，稍微靜置一下，再用湯匙舀一匙咖啡液，發出聲音將咖啡吸入口中，使咖啡液在口中呈霧狀散開。確認過香氣後將咖啡吐出。依序評價咖啡稍熱時、稍冷時、冷卻後的咖啡味道。評價項目如下：

◎乾香氣Fragrance（咖啡粉的香味）
◎濕香氣Aroma（咖啡液的香味）
◎甘甜Sweetness
◎清爽的酸味Acidity
◎風味Flavor
◎醇厚度Body
◎餘味的印象Aftertaste

①聞聞咖啡粉的香味。

②將熱水倒入咖啡粉。

③悶蒸約三分鐘。

④咖啡粉呈圓丘狀膨脹突起，用湯匙切開並聞香。

⑤攪拌，用湯匙將泡沫清除。

⑥觀察液體顏色。

⑦吸入口中，使咖啡液在口中呈霧狀散開，確認香味。

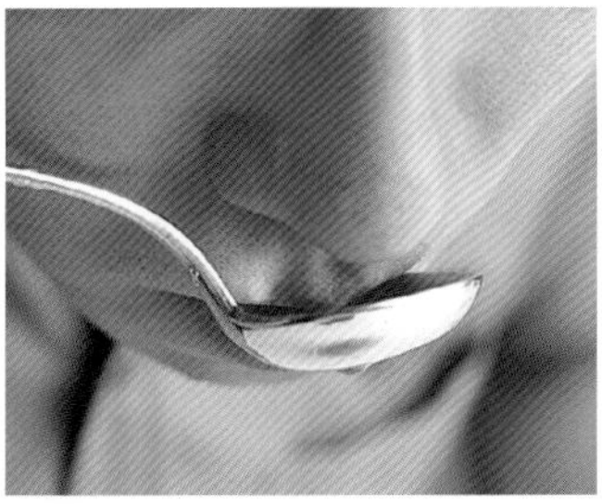

⑧吐出測試過的咖啡液，再進行下一種咖啡的測試。

①裝熱水的手沖壺②用來吐掉咖啡的杯子③咖啡粉④湯匙（巴哈咖啡館專用的銀製品）⑤清洗湯匙用的水

●巴哈咖啡館式的杯測

準備中度研磨的咖啡粉10公克，約85℃的熱水150毫升，以一般的濾紙滴濾法製作出一人份的咖啡。將萃取出的咖啡液注入杯中，以試匙杯測，測驗完後的咖啡液即丟掉，進行下一次杯測。

＊　＊

雖然差別不大，但仍可明顯看出巴哈咖啡館的杯測與巴西式或者ＳＣＡＡ式的不同。主要差別如下：

1 烘焙度在二次爆裂以上
2 使用萃取器具
3 確認項目少

巴西式杯測是對含有瑕疵豆的咖啡進行測試，再依此判斷是否屬可出口的範圍。但是巴哈咖啡館的杯測一開始就先手選過了，因此不會測試到瑕疵豆的味道，故杯測的項目較少。

比起瑕疵味的確認，我們主要的著眼點應放在味道的平衡，這對於開店比較有實際的意義，再加上不需要什麼特殊的器具或設備，不論何時何地都能進行杯測，這也是巴哈咖啡館式杯測強過其他種類杯測的地方。杯測最重要的是能不斷進行，因此方便性很重要。

巴哈的杯測中，以下幾個項目是初學者也必須要能學會判斷的。

①濾紙滴漏後的咖啡②用來吐掉咖啡的杯子③檢測用杯子④巴哈咖啡館專用銀匙⑤清洗湯匙的水

①聞香

②觀察液體顏色（特別是光澤）

③將咖啡液吸入口中，使咖啡液在口中呈霧狀散開，確認香味。

④吐出杯測後的咖啡液

◎苦味
◎酸味
◎甜味
◎澀味
◎風味
◎濃度

「風味」與「香味」互換也可以，主要是指含在口中時的味道。以鼻子聞的味道與含在口中的味道明顯不同。

說到「濃度」或許有點難理解，事實上使用同樣份量的咖啡粉萃取出的等量咖啡液，也會有口感濃厚或者清淡的不同。

ＳＣＡＡ式杯測的評價項目中有一項「Body」（醇厚度），這項測驗方式是將咖啡瞬間滑過口中喝下，再來評斷它在口中的觸感。而我所謂的「濃度」是更深入的東西，因爲濃厚度或者黏稠度等口感，都是來自於咖啡液中含有的油脂成分、纖維成分、蛋白質；這些成分融入咖啡液的部分少，則咖啡味道偏清淡。

三種杯測方式相比，最顯著的不同在於「使用萃取器具」這點。巴西式與ＳＣＡＡ式的杯測都只是將熱水倒入咖啡粉中，沒有使用特殊的工具。這是爲了配合不特定多數的企業與消費者，因此理所當然。但是這種方式雖然可以確認咖啡粉中含有的各式味道與香氣，味道的平衡卻無從得知。

我想盡可能選擇最接近顧客水平的杯測方式。若杯測的方式與顧客平日飲用咖啡的方式不同，我們無法向顧客說明「這種咖啡，這樣烘焙的話會有這種味道」。以有限顧客爲對象的小規模經營咖啡店，比較適合以平日使用的器具與方法進行杯測。

第5章

咖啡的萃取

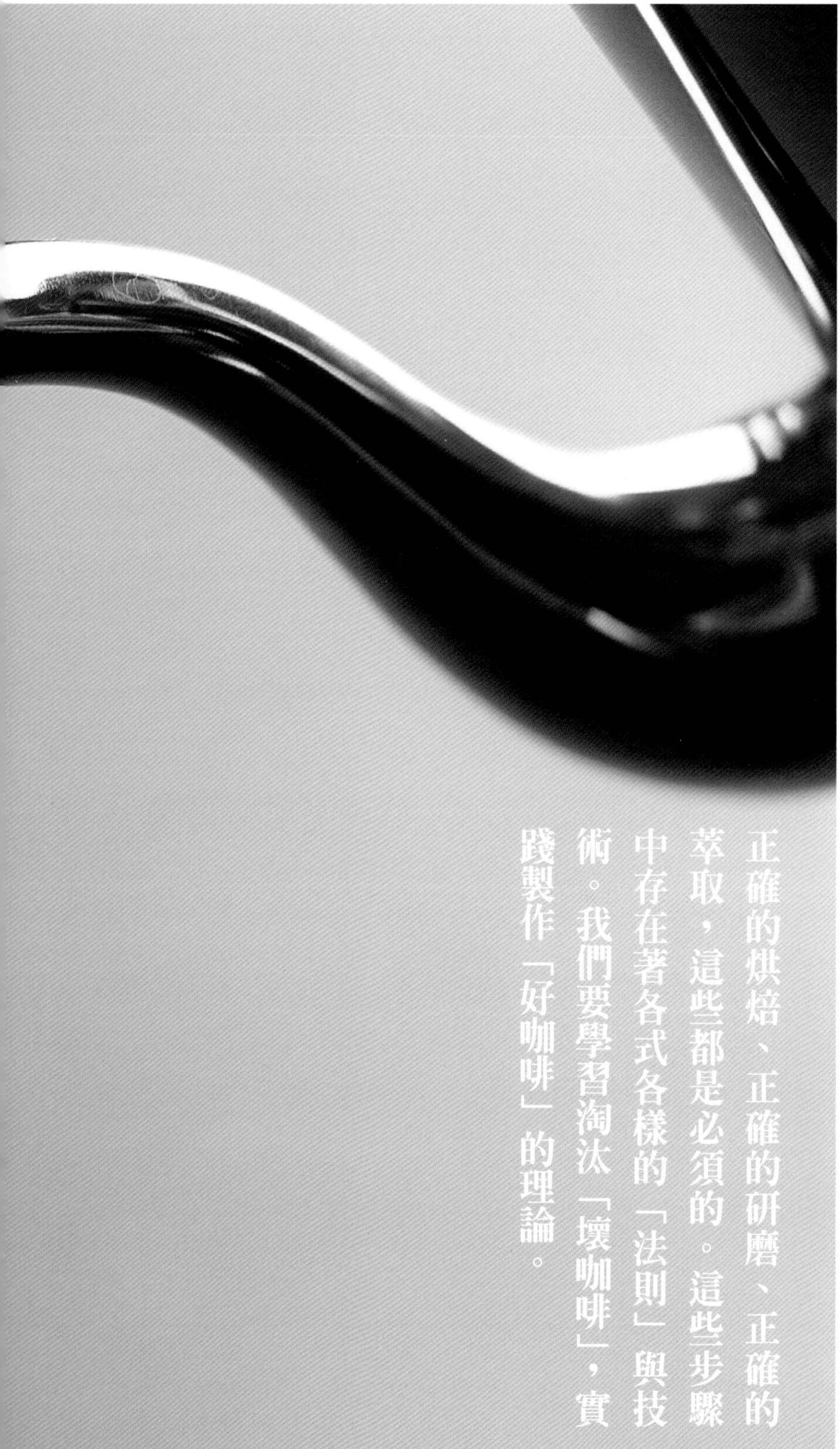

正確的烘焙、正確的研磨、正確的萃取，這些都是必須的。這些步驟中存在著各式各樣的「法則」與技術。我們要學習淘汰「壞咖啡」，實踐製作「好咖啡」的理論。

5・1 咖啡豆的研磨

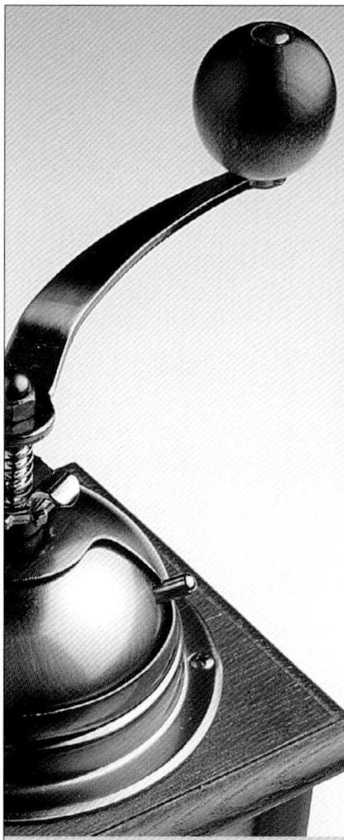

用磨豆機研磨烘焙過的咖啡豆。研磨的方式有兩種，一是像石臼一樣，以輾壓方式研磨，一種採用銳利的刀刃切割咖啡豆。要研磨出最佳研磨度的要點在於，研磨度要適合咖啡萃取器具，且研磨時能研磨平均，不會產生熱度與細粉者爲佳。

蕎麥麵迷與咖啡迷共通之處在哪兒呢？我那蕎麥麵迷的朋友，一開始是自己做手打麵，後來光是買現成的蕎麥粉來製作手打麵、煮麵已經無法滿足他，於是開始挑戰研磨蕎麥，特地花費數十萬買了具石磨開始自家製粉。經過研磨蕎麥、手打麵、煮麵的「蕎麥麵三步驟」，就能做出最棒的蕎麥麵奉客。

如果換成咖啡，自家製粉相當於自家烘焙，而烘焙、研磨、沖煮就是「咖啡三步驟」。不論是蕎麥麵或者是咖啡，這三步驟關鍵就是「新鮮度」。

以石磨研磨的蕎麥粉能夠釋放出高品質的香氣，咖啡也是如此。研磨高新鮮度的咖啡時，四周會瀰漫著芳香的咖啡味。相反的，不新鮮的咖啡粉香味已散失，有時還會因爲其內含的油脂成分而發出酸敗臭味。咖啡與蕎麥一樣，一旦變成粉狀，會因與空氣接觸面變廣而急速氧化。因此如何保持鮮度，等同於如何抑制氧化。

■研磨咖啡豆的重點

因此大家都了解「咖啡要盡可能以咖啡豆的形式保存，要萃取之前再研磨成粉」的重要性了。接下來談談要用怎樣的磨豆機研磨？又該如何研磨呢？咖啡豆的正確研磨方式並非僅是將豆子放入磨豆機中磨成粉而已。對於磨豆機的性能與咖啡粉的研磨度等都要充分了解，必須先在腦中構思磨出的咖啡粉要用何種方式萃取。再來還要注意用剩的咖啡粉的保存方式。到此步驟爲止才稱得上是正確的研磨方式。

研磨時的重點歸納如下：

1 研磨度要平均
2 不能產生熱度
3 不能產生細粉
4 選擇適合萃取法的研磨度

接下來我再說明得更具體一些。首先是第1點「研磨度要平均」的問題。「平均」一詞在本書中屢屢出現；烘焙時的一大課題是要如何讓生豆尺寸與含水量「平均」；而到「研磨」這個章節，重點則在於如何研磨「平均」。

手動式磨豆機（右、Zassenhaus製）與電動式磨豆機（左、DeLonght製）

店面專用的電動磨豆機（照片為Bonmac製）

不均會造成咖啡味道不統一、不協調，不論哪一個步驟，都必須將不均的狀況減至最低，追求沒有雜味、均質且味道平衡的咖啡。研磨後的咖啡顆粒是否均勻會直接影響咖啡萃取液是否均質。換言之，咖啡粉不均會使咖啡液的濃度不均。研磨度的差異會帶給咖啡味道怎樣的影響？

「研磨度愈細苦味愈強，研磨度愈粗苦味愈弱」

這是最基本的法則。

理由很簡單，研磨度細的咖啡粉表面積較大，萃取出的成分較多，可溶成分愈多，液體愈濃，苦味也就愈強。相反地，粗度研磨的咖啡粉表面積小，萃取的成分亦少，當然濃度較低苦味也較弱。苦味弱，取而代之酸味就變強。

拿此基本法則與1對照來看，若是將研磨度不同的咖啡粉混在一起，則可溶成分的濃度會不一致，酸味與苦味都會因此被萃取出來，可以想像這杯咖啡會變成一杯混濁且雜味多的液體了。

2是「磨豆機摩擦生熱」的問題。不管是咖啡、蕎麥或是小麥，研磨時產生熱度是正常情況。之所以要注意這點是因爲熱度很明顯會損害味道與香氣。製作蕎麥粉時，使用滾筒研磨還是石磨研磨，那價錢可有天壤之別。因爲一般相信用機器滾筒研磨會造成所謂的「粉燒」（蕎麥粉起火之意），雖然不完全正確，但是以不會產生熱度的石磨研磨蕎麥粉的確在製粉高手間擁有不可動搖的正面評價。

表28　研磨度與味道變化的關係

研磨度	細度研磨	粗度研磨
粉的表面積	大	小
萃取成分	多	少
濃度	濃	淡
苦味	強	弱

關於研磨時會生熱這點引起多方研究。專家認爲，在極普通的速度與載重條件下，金屬表面的局部區域因摩擦而產生的瞬間高溫就可高達500到1000℃。

因此研磨咖啡會產生熱這是必然的，但是根據磨豆機構造的不同，熱度也會有不同的變化。磨豆機研磨咖啡豆的方式大致分爲兩種，一是以刻有溝槽的兩個盤（臼）式刀刃碾壓磨碎咖啡豆，稱作grinding，大部分手動式磨豆機都屬此類。另一種是以切碎式粉碎機爲代表，以兩個一組、具有互相垂直相咬合的利刃的滾輪（金屬製的圓柱狀迴轉軸）切割咖啡豆，這種方式稱作cutting，就是所謂的「切割式磨豆機」。

一般外行人以爲，用手動式磨豆機（碾磨式磨豆機）緩緩研磨就不會產生熱度；事實上正好相反，以盤式刀刃摩擦的類型反倒容易產生熱度。另一方面，切割式磨豆機反而能讓研磨咖啡粉產生摩擦熱的情況減到最低。原因是因爲碾壓磨碎的方式必然會產生摩擦熱，而以切割方式切碎豆子幾乎不會產生熱度。

比較碾磨式磨豆機與切割式磨豆機的不同如下：

【碾磨式磨豆機的優缺點】

1 研磨出的咖啡粉容易顆粒不均
2 容易產生摩擦熱
3 少細粉產生

【切割式磨豆機的優缺點】

1 研磨出的咖啡粉顆粒平均
2 不易產生摩擦熱
3 容易產生細粉

家庭用的電動磨豆機是以馬達轉動螺旋槳狀的金屬刀刃，它也屬於切割式磨豆機。研磨咖啡時，研磨度的粗細取決於時間長短。也就是說，細度研磨則需花較長時間。螺旋槳式磨豆機比較便宜且功能多樣，但製造商不同，品質上會有天壤之別。也有專家批評它會產生摩擦熱與細粉。

另外也有些人認為對於會產生摩擦熱這點不需太過敏感。如果真要採用最理想的原始時代的臼與杵研磨咖啡豆，時間就必須倒退幾個世紀。這好像有點太小題大作了。

產生摩擦熱的原因不光是磨豆機構造的關係，咖啡豆烘焙度不同亦有影響。極淺度烘焙的咖啡豆因為豆質堅硬，容易產生摩擦熱。而深度烘焙的咖啡豆因為水分已經蒸發，豆質已經柔軟到用手指就能夠壓碎，摩擦程度小就不容易生熱。因此造成摩擦熱的原因並不單純，咖啡的烘焙度亦有影響。

若飲用之前才研磨豆子，使用何種磨豆機的影響就不大了。大多數知名咖啡製造商都採用不易產生摩擦熱的磨豆機，那是因為他們的顧客為不知何時飲用的非特定多數。如果研磨完畢立刻飲用，則使用盤式或者錐式磨豆機就沒有太大的分別了。

與之相比，研磨時若是產生3的「細粉」才是大問題。一旦磨豆機疏於保養，具有黏性的酸敗細粉與油脂會沾附在磨豆機的鋸齒上、變硬，不光是妨礙磨豆機鋸齒的運轉，可能還會造成停止迴轉，更別說會產生大量的摩擦熱了。

■不產生細粉的技巧

細粉帶來的影響比摩擦熱更糟，不但會使咖啡液混濁，還會帶來令人不舒服的苦味與澀味。細粉最常造成的弊端是，高溫帶電的細粉直接附著在磨豆機內部，酸敗後在下次研磨時混入新咖啡中。

不產生細粉的技巧是盡可能選擇不會產生細粉的磨豆機，或者是每次使用完畢就用磨豆機附贈的刷子仔細刷去這些附著其上的細粉。這些都是應急的處置方法，總之清潔磨豆機是首先必須要做的動作。

這是題外話。自家烘焙店中有些店家會特地掛出寫著「粗度研磨咖啡店」。咖啡的研磨度採用粗度，且粉量較平常多二到三成，再加上滴濾時採用點滴的方式緩緩萃取，這樣一來味道明顯地較為穩定，且更添醇厚感，能夠做出風味絕佳的咖啡。光是增加咖啡粉的過濾層的厚度，就能夠萃取到更多美味成分，這是細度研磨咖啡做不到的。

摻雜細粉的咖啡粉會煮出澀味明顯的重味咖啡。而粗度研磨的話，則是不混濁且味道清爽的咖啡。

■防止萃取出單寧（tannin）

咖啡包含各式成分，萃取並不是要將這些成分全都萃取出來。通常有此法則：「倘若咖啡粉份量一定，則可溶成分的萃取量由研磨度與時間決定」。

研磨度愈細的咖啡粉，萃取時間愈長得到的成分愈多。根據實驗，如果將定量咖啡粉中能夠萃取出的所有成分全都萃取出來，最高可以取得三〇%的成分。但這些成分並非全部都是我們需要的。咖啡中有我們需要的成分，也有我們不需要的成分，萃取時間愈長就愈容易將我們不需要的不好成分也萃取出來。

不要的成分中主要代表就是「單寧」（Tannin），正確的稱呼應該是「綠原酸」（Chlorogenic acids），咖啡生豆中含有八到九%，烘焙豆中含有四到五%。與咖啡因（Caffein）同樣具

圖18　切割式磨豆機

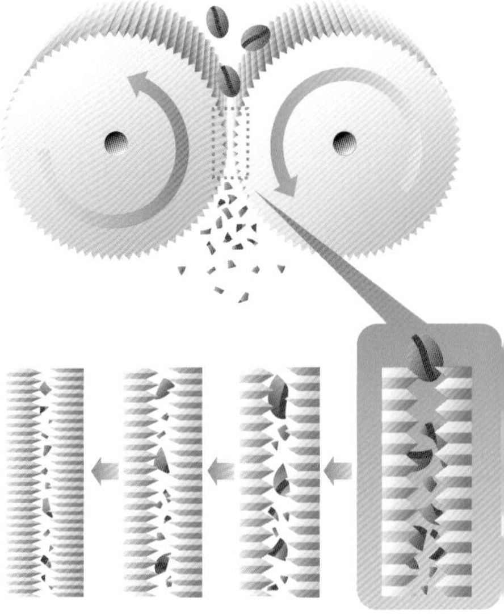

這是切割式磨豆機的基本構造，兩支刻有溝槽的滾輪不同方向旋轉，由兩者中間通過的咖啡豆成放射狀被切割洩出。

圖19　碾磨式磨豆機

也被稱為臼齒式磨豆機。咖啡豆通過刻有溝槽的兩片盤（臼）式刀刃被磨碎。

磨豆機的鋸齒與磨刀

切割式磨豆機的磨刀

碾磨式磨豆機的鋸齒

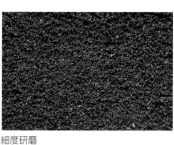

細度研磨

中細度研磨

中度研磨

中粗度研磨

粗度研磨

有在某些烘焙度下會被分解的性質。烘焙到義式左右的深度烘焙時，九〇%會被分解。

一般人常以為深度烘焙咖啡刺激性強，淺度烘焙咖啡刺激性弱，這種想法完全錯誤！誤以為淺度咖啡刺激性較弱而在睡前飲用的話，一定是睜眼到天亮。隨著烘焙度愈深，咖啡因與單寧的含量愈少，刺激性也會減弱。千萬別被咖啡外表的顏色給騙了。

我們不想萃取出的單寧，一言以蔽之就是造成咖啡澀味的元兇。單寧同時是天使也是惡魔；少量的單寧能夠發揮咖啡的甘甜味與醇厚味；但研磨度愈細，萃取時間愈長，惡魔就會發揮作用讓咖啡充滿澀味。

為了防止單寧被過度萃取，重點是「咖啡豆採粗度研磨，粉量稍多，用比較低的溫度（82～83℃）慢慢萃取」。

這和我前面提過的「粗度研磨咖啡店」採用的方法相同。防止單寧過度萃取也是製作美味咖啡的法則之一。

■適合萃取法的研磨度

最後來談談4「選擇適合萃取法的研磨度」。這裡我想再度提醒大家，「研磨度愈細苦味愈強，研磨度愈粗苦味愈弱」，這是不變的基本法則，這是根據咖啡粉表面積被熱水覆蓋的量不同所引起的現象，由此可知萃取器具與咖啡粉研磨度的關係。

譬如Espresso咖啡，將深度烘焙的豆子細度研磨，使用濃縮咖啡機在短時間內萃取少量咖啡液，則會得到苦味相當強烈的咖啡。相同的咖啡粉以濾紙滴漏法萃取會如何呢？實際動手做做看就知道，濾紙會被咖啡粉塞住，使注入的熱水難以通過，萃取的時間被拉長，最後演變成萃取過度的情況。

這麼說超粗研磨度會比較好嗎？這也是程度的問題，研磨度過粗會讓熱水輕易就通過濾紙落下，咖啡美味的成分就沒辦法被充分萃取出來。如此一來，落入咖啡壺中的咖啡就成了味道淡薄的液體了。

每種萃取器具有各自適合的研磨度，所以研磨可不是自己想要什麼研磨度就用什麼研磨度的。就如前述的濾紙滴漏法，咖啡粉過粗或者過細都不適合，也就是說它最適合的研磨度是中度到中粗度。

以下是咖啡粉的研磨度與萃取法的關係。

●適合細度研磨——Ibrik（微粉末）、摩卡壺（義大利稱之為「Macchinatta」）、濃縮咖啡機（極細度研磨）

●適合中度研磨——濾紙滴漏法、法蘭絨滴漏法、塞風壺

●適合粗度研磨——水滴式咖啡機（極粗度研磨）、滴濾壺（極粗度研磨）

順帶一提，Ibrik這種土耳其咖啡使用的器具，形狀像是長

柄杓，放上咖啡粉、水還有砂糖然後在火上烤。這種被稱爲「水煮法」的萃取法使用的是深度烘焙的微粉末狀咖啡粉。爲何使用深度烘焙的咖啡粉呢？淺度烘焙與中度烘焙的咖啡粉經過高溫水煮後澀味會增強，因此使用深度烘焙的咖啡，即使高溫萃取，得到的還是完全苦味的咖啡。

Espresso咖啡與土耳其咖啡會使用深度烘焙咖啡還有一個原因，因爲深度烘焙會使豆質柔軟而容易研磨得細一點。這雖是畫蛇添足，但有的義大利製的磨豆機無法粉碎淺度烘焙的硬質咖啡豆。那種磨豆機原本就是爲了深度烘焙的咖啡豆而設計的，用來研磨質地堅硬的淺度烘焙咖啡豆會立刻故障。磨豆機的性能也代表了國家的個性呢！

■清潔磨豆機

磨豆機使用完後一定要清理，否則附著在內部的細粉久了會氧化，下次再研磨新鮮咖啡時會混入其中。因此必須以刷子等將細粉或銀皮刷落，還有油脂等也要仔細去除。

研磨咖啡時細粉不正常的產生，就必須注意磨豆機的刀刃是否已磨損。磨損的刀刃會造成研磨不均、細粉產生以及摩擦熱等。家庭用的簡易磨豆機使用頻率較低，因此刀刃磨損的情況不常見。咖啡店裡所使用的磨豆機若是刀刃有問題，會影響商品（也就是咖啡）。因而必須更換新的刀刃。

5・2 煮出美味咖啡的條件

咖啡粉的研磨度、水溫、萃取速度等都會影響咖啡的味道。要如何煮出味道穩定的美味咖啡？有什麼方法和條件呢？讓我們一起來挖掘！

■味道可以修正嗎？

我在第三章第二節中已經定義過「好咖啡」與「壞咖啡」，在此我再提一次製作「好咖啡」的四大條件。

1 無瑕疵豆的優質生豆
2 剛烘焙好的咖啡
3 剛研磨好的咖啡
4 剛沖煮好的咖啡

意即我所謂的「好咖啡」就是「將無瑕疵豆的生豆適當烘焙，烘焙好的豆子趁新鮮時正確研磨、萃取而得到的咖啡」。之所以避免使用「好喝、難喝」的說法是因爲這樣的詞彙有太過濃厚的個人主觀意識存在，無法保持客觀。

這是題外話。有句話說：「要講究『好吃、難吃』就別提『貴、便宜』；在意『貴、便宜』就別講究『好吃、難吃』」。正是如此。我也是「便宜沒好貨」的信奉者，所以相當喜歡這句話。

接下來我要講的是美味咖啡的沖煮法，但在那之前，我必須再一次提醒，這裡提到的「美味」，是喝到「好咖啡」而產生的「美味」，與製作過程有關，而非個人喜好覺得「美味」。

有許多危險都會造成咖啡美味流失。在生豆階段一旦味道改變了，烘焙、研磨、萃取階段的味道也會改變。高手追求的就是「味道再現」——修正每個步驟產生的錯誤，讓味道不論在何種條件下都不改變。「這個味道是偶然產生的，不可能再出現第二次了」說出這種話的如果是外行人還可以理解，但若是專家說出這種話，那可就沒資格稱爲專家。

在此我想再次提醒各位，直到「萃取」爲止的每個階段、每個步驟都是在製作咖啡的味道。我將其按順序列明如下：

1 生豆的特性（味道）
2 手選（第一次）
3 烘焙
4 手選（第二次）
5 烘焙豆的保存管理
6 調配綜合咖啡豆
7 研磨
8 萃取

這八項順序代表的是「前面步驟的失誤必須靠後面步驟來彌補」，各位請記得。

原本若是烘焙成功，到第3步驟爲止就已經確定九成的味道，但有時遇上烘焙失誤，譬如烘焙過度時，此階段造成的味道錯誤就必須仰賴之後的步驟來調整。例如應該在深城市階段停止烘焙的卻烘焙成法式，就必須靠第7和8的步驟調整味道。過度烘焙的話咖啡的苦味會比一般強烈，這裡我只是打個比方，我們可以在第7步驟將咖啡粗度研磨，就能減少苦味

表29　決定咖啡味道的要素

右列要素改變時，咖啡的味道傾向	研磨度	水溫	萃取量	萃取速度
苦味	細度研磨	高溫90℃以上	少量100ml以下	緩慢4～5分鐘以上
苦味與酸味	中度研磨	中溫82～83℃左右	中量120～150ml左右	中等3～4分鐘左右
酸味	粗度研磨	低溫75℃以下	多量170ml以上	快速2分鐘以下

（研磨度愈粗，酸味愈強，苦味愈弱）；再在第8步驟降低熱水溫度（水溫較低，酸味較強），並且增加萃取量（萃取量愈多酸味愈強）。可以透過這些微調修正味道（請參照表29）。

即使有這些應急處置，修補後的味道還是無法跟沒出錯的咖啡相同。不管怎麼說，這種做法只是應急用的，破洞地方縫合後還是會留下痕跡。因此再請各位記得一點：「後面步驟並不能完全復原前面步驟造成的失誤」。

出錯的步驟愈後面則修補愈辛苦，會增加許多繁複的必須手續。假設遇到這種應急狀況，烘焙失敗的豆子有五公斤或十公斤，在這些豆子使用完畢之前，都必須反覆著7和8的修補動作。如果十公斤的豆子每次以十公克為一消耗單位，則這樣的修補動作就必須重複一千遍了。

■萃取過程造成的味道破壞

在1到8各步驟中都有可能發生走味，最後的萃取步驟也不例外。這裡我將萃取的步驟依要素分類如下：

1 粉的研磨度（也會影響成品，所以最好有一致的粗細）
2 粉量
3 熱水溫度
4 熱水的量（注入熱水時的節奏與速度會影響萃取時間）
5 時間

理論上1到5的各要素若是好好處理，味道就不會出錯；嚴格來說4的控制最困難，也是最容易讓咖啡走味的原因。但事實上，味道的失誤（主要是酸味與苦味失衡）若是在容許範圍內都不算出錯；一些小失誤是可以被接受的。

3的熱水溫度在使用濾紙滴漏法時，水溫在82～83℃最能達到味道平衡。超過這個溫度，會有某些味道特別明顯；不到這個溫度，則美味的成分就無法被萃取出

表30　熱水溫度與萃取

水溫	味道變化（濾紙滴漏法）
88℃以上	水溫過高。產生氣泡，造成悶蒸不完全。
87～84℃（適合深度、中度烘焙）	水溫稍偏高。味道強烈，苦味明顯。
83～82℃（適合所有烘焙度）	適溫。咖啡的味道平均。
81～77℃（適合深度烘焙）	稍低。抑制住苦味，但味道不平均。
76℃以下	過低。完全煮不出咖啡的美味，悶蒸亦不完全。

來。當然，熱水溫度也是視使用的萃取工具不同而有所改變（例如Espresso要用高溫），烘焙豆的新鮮度也有很大的影響。

舉例來說，剛烘焙好的豆子，還在大量排放二氧化碳，宛若是生氣蓬勃的年輕馬一樣活蹦亂跳。這種狀態的咖啡粉注入90℃以上的熱水，不會產生一般「悶蒸」的情況，反而會噴出泡沫，使味道變差。剛烘焙好的豆子若使用濾紙滴漏法，要以80℃以下的較低溫度緩緩萃取。

另一方面，烘焙兩週以上的豆子（常溫）鮮度已盡失，必須使用高溫萃取。快要酸敗的豆子在濾紙上的鎖水能力差，因此90℃以上的高溫才能讓它釋放出味道與香氣，避免味道過於淡薄。

再者，水溫不只受到豆子鮮度的影響，也會依烘焙度而改變。一般來說，「深度烘焙適合稍微低溫（75～79℃）或中溫（80～82℃），淺度烘焙適合中溫或稍微高溫（83～85℃）」。

也就是說，光是「水溫」這點就會因爲「器具」、「鮮度」、「烘焙度」而改變。味道的修補嚴格說來是一件相當辛苦的工作，希望各位能夠了解這點。

■控制熱水量

談完水溫之後，接下來就是難以控制的4「水量」。爲何這項要素最難控制？因爲有太多不確定的要素在其中，譬如注入的水流大小、注入方式等。要盡可能控制水量，就必須減少不確定要素，將味道改變的可能性減到最小。

首先是手沖壺中的水量每次都要保持一定。水量若是有時多有時少，拿著手沖壺傾注時，水出來的角度與份量就無法固定，也無法固定以細細的水流注水。水量若總是能保持一定，就能持續以同樣的角度、同樣大小的水流注水。光是這樣就能夠使味道更趨近均一（圖２３、２４）。

手沖壺的水量保持一定，也能穩定萃取時的姿勢。壺中若裝入滿滿的水，壺的重量會讓持續以同樣姿勢長時間製作咖啡的身體感到疲倦。根據力學的說法，抬頭挺胸較不易累；而且手沖壺過重可能會引起肌腱炎。不受多餘負擔影響的姿勢其實相當重要。

固定壺中的水量與注水者的姿勢，鶴口狀壺嘴的出水量也會固定。水柱粗細以直徑2～3公厘，嚴格說來是出口處2公厘，後半段3公厘爲最理想。但是水流粗細也因萃取份量而不同；四到五人份的咖啡，水流粗細可達5～7公厘。記住一項原則，少量萃取時水流要細。

接下來，要注意注入的水中不要摻雜空氣。如同圖21中所示，用手沖壺注水時，注水位置過高，水柱會在途中產生波折，產生波折就會混入不必要的空氣，空氣會由正在悶蒸的咖啡粉膨脹的表面噴出，造成開孔。

圖20　出水口的熱水

要將第一次的熱水注入咖啡粉前，先將熱水倒掉一部份；這樣做一方面是為了確認水溫是否適合，另一方面是要去掉位在手沖壺出水口部分的水，這個部分的水溫會比水壺內的水溫為高，直接注入咖啡粉會破壞整杯咖啡。

一旦有開孔，熱氣會由粉的內側流失，外部冷空氣進入，致使咖啡無法充分悶蒸，而萃取不出美味的成分。因此要讓波折前面那段透明圓筒狀的水柱垂直落在咖啡粉表面。與咖啡粉表面的距離大約3～4公分左右（請參照圖22）。接著充分悶蒸。萃取的成敗就端看「悶蒸」的成功與否。

以上談到的是要盡可能除去引起咖啡走味的要素；只要消除這些要素，就能得到味道誤差少的咖啡，這個想法可及於由烘焙到萃取的每個步驟。

圖21

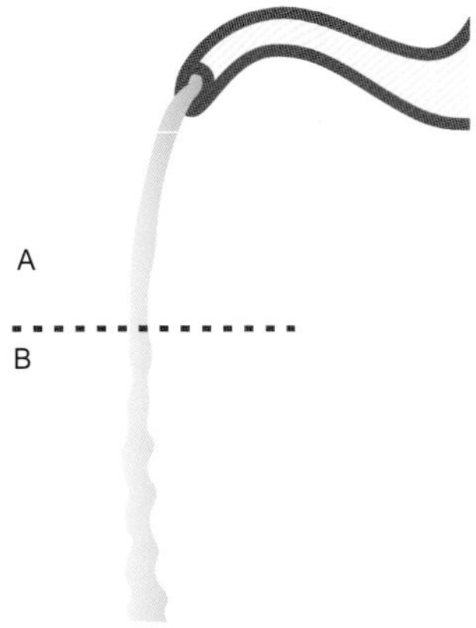

注入濾杯的熱水要由A以上的位置注入，避免與空氣相結合，水流要均勻。

圖22

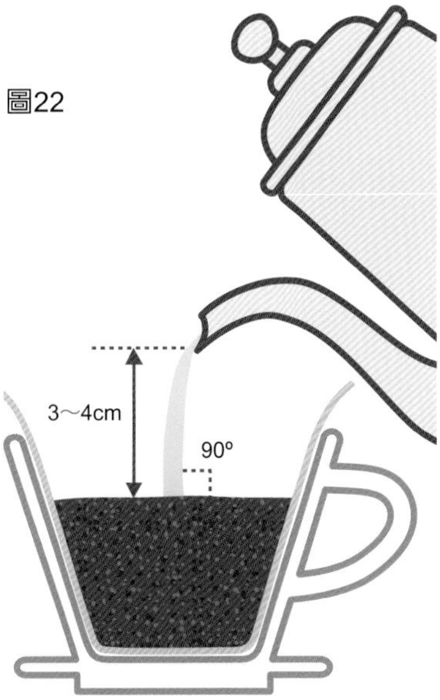

熱水由距離咖啡粉面3～4公分處垂直注入咖啡粉。

圖23　手沖壺的水量A

圖24　手沖壺的水量B

握手沖壺的把手時，握住的位置要根據壺內的水量調整。水量少時，則握在握把較低的位置（圖23），盡量讓手腕彎曲的程度愈小愈好；水量多時則相反（圖24）。無論如何，壺中的水量每次使用時皆須維持固定，這樣一來，手沖壺傾斜的角度與出水的量就能維持一定，才能夠萃取出一定水準的咖啡。

5・3 濾紙滴漏法的工具

爲何濾杯底部會有一到三個洞孔？其內側刻劃的溝槽又有什麼作用？如何將濾紙正確的安置杯中？我將用科學的觀點解析這一切「不可思議」。

■濾杯的種類

比法蘭絨滴漏法更簡便的就是濾紙滴漏法。需要的工具是濾杯、用完即丟的濾紙、注水的手沖壺和接收萃取液的咖啡壺。

濾杯有陶瓷、壓克力與ＡＳ樹脂製作等種類，最大的不同點在杯底開的濾孔數量。以日本的歷史潮流來看，首先是進入一九六〇年代之後國產的三孔式濾杯問世，七〇年代外國製作的單孔式濾杯傳入。因爲兩股勢力競爭使得販賣通路擴大，濾紙滴漏法成爲一大趨勢。

單孔式濾杯是前西德的梅麗塔（Melitta）夫人發明；一人份咖啡就放入一人份，三人份咖啡就放入三人份，由一開始的咖啡粉量到注入的水量都要計算。注水必須一次完成，因此容易塞住濾杯孔的淺度烘焙豆不適用，主要用於德式烘焙等中深度烘焙咖啡，是相當適合喜歡深度烘焙的德國人使用的濾杯，通稱「梅麗塔」（Melitta）杯。

與之相對的三孔式濾杯就是適合日本人的構造了。三個濾孔讓空氣容易穿過，即使其中一個洞孔堵塞，還有其他濾孔可以使用這是一大優點。因此適用於淺度到深度各種烘焙度的咖啡。再者若是咖啡粉的狀態多少有些不均（烘焙度或研磨度），只要調節萃取量就能調整濃度。這種三孔式濾杯稱爲「卡利塔」（Kalita）杯。介於單孔與三孔之間還有一種雙孔式

①單孔式濾杯

②雙孔式濾杯

③三孔式濾杯

④濾杯內側的溝槽

⑤濾杯底部的突起濾孔

濾杯（如三洋產業的「咖啡客」），不同種類的濾杯有各自不同的效果。

■溝槽的作用

我想濾孔的數量多少也是重要的要素，但更重要的是濾杯內側凹凸的溝槽（rib）高低程度。

「溝槽」的原文是「肋骨」的意思。濾紙滴漏法剛開始普及時，一般人都還不清楚溝槽的功用是什麼，以爲它是用來防止濾紙移位的。事實上溝槽還有其他更大的作用。

使用濾紙滴漏法時，濾紙會緊附在濾杯壁上，以致注入熱水後空氣沒有排出的路線。使用法蘭絨滴漏法，空氣可以從任何地方排出，而且熱水滲入法蘭絨布中猶如皮膜般具保溫作用，使能夠充分悶蒸。

爲了讓濾紙也能有法蘭絨的效果，必須加深溝槽讓濾紙與濾杯中間有縫隙讓空氣通過。將濾紙沾濕，或者將濾紙緊貼在溝槽極淺的濾杯上，如此一來，空氣只能由杯底的濾孔排出，結果剩下排不出的空氣就像火山噴發一樣由悶蒸狀態的咖啡粉表面衝出，粉的表面開了一個洞，冷空氣進入，會造成悶蒸不全。溝槽的存在就是爲了要防止這種狀況。

我與咖啡業者共同研發出溝槽夠深的雙孔式濾杯（咖啡客），萃取度穩定，能夠做出口感滑順的咖啡。

同爲濾紙，製造商不同，形狀、尺寸、材質上也會有微妙

圖25

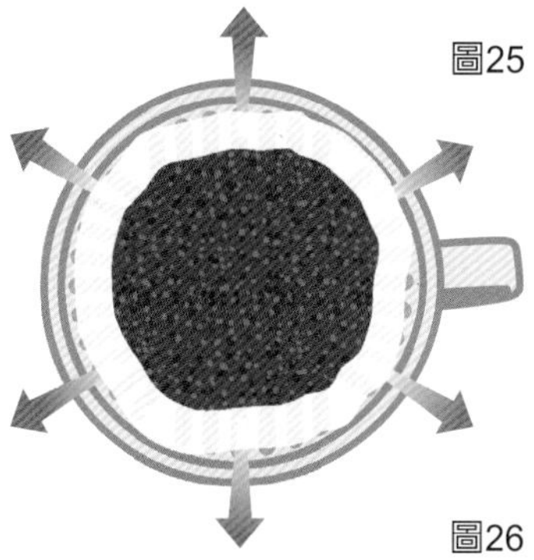

圖26

濾杯內側的溝槽愈深，溝槽與濾紙間會產生真空的空隙，使得熱水注入咖啡粉後空氣被擠壓出去時，能夠藉由這些空隙排出，使咖啡充分悶蒸。

圖27

溝槽若不夠深，濾紙浸濕後會和濾杯完全貼合，而無法產生真空層。咖啡中的空氣無處排出，會由咖啡粉表面噴出。

咖啡壺
以耐熱玻璃製作的平底壺為佳，以便事先從咖啡壺的刻度確認萃取出的咖啡量。

手沖壺
設計上以方便使用者為優先，出水口必須要細，否則難以在咖啡粉上畫圓。

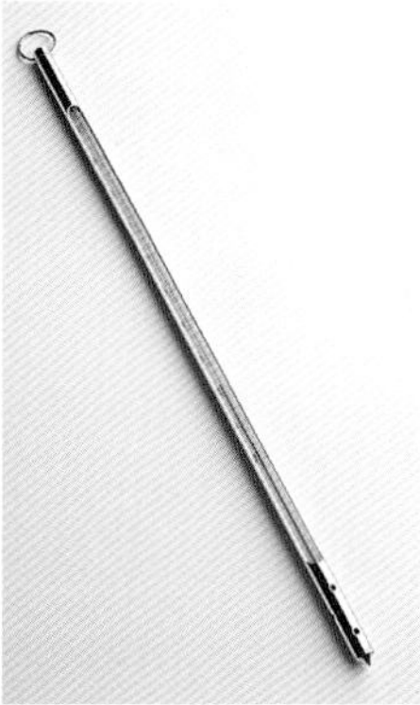

溫度計
採用濾紙滴漏法萃取咖啡時，最適合的溫度是82～83℃。手沖壺的溫度該如何能夠保持在最適狀態，可透過溫度計摸索到最好的方法。

量杯
配合欲萃取出杯數調整咖啡粉量與萃取量。一杯份＝10g＝150ml，二杯份＝18g＝300ml，三杯份＝25g＝450ml

濾紙的折法

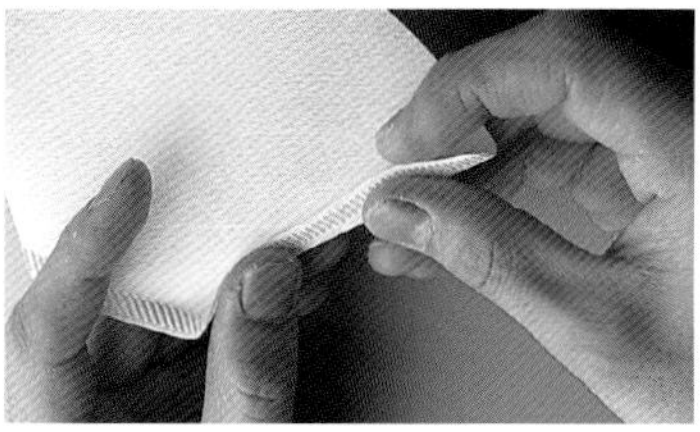

①將濾紙接合處側面的部分向內折。

②接合處底面的部分則與側面反向外折。

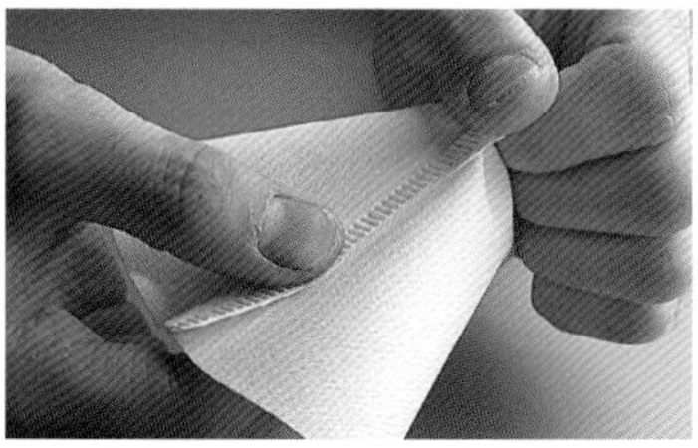

③將接合處的側面部分用手指按住攤平。

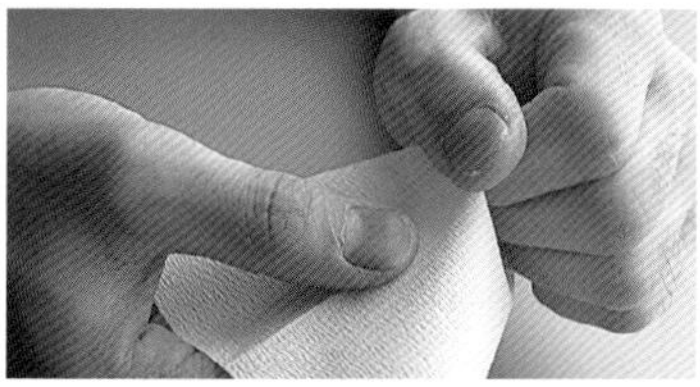

④側面另一側亦用手指按住攤平。

⑤用大拇指與食指由內按住底部兩側尖角，將它向內折。

⑥手指伸進濾紙內部，握住濾紙，在另一手的手心上按壓以調整形狀。

的不同。最近還出現了環保濾紙（用甘蔗渣等製作），但基本上濾紙最好使用與濾杯同公司出品的較佳。有人說「梅麗塔杯」任何濾紙皆可使用，但爲了避免萃取失誤，使用其他公司產品時要特別注意。

過去會在濾紙接合處糊上醬糊，或者爲了讓濾紙呈現白色而用氯漂白，現在普遍改採機器壓製，漂白也改用氧化處理，因此無須擔心對環境或健康造成傷害。

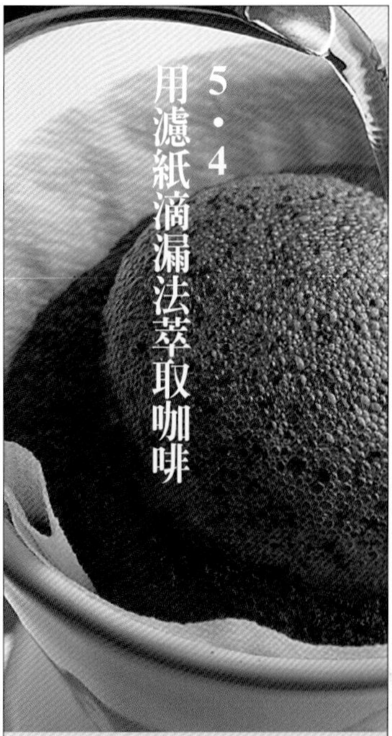

5・4 用濾紙滴漏法萃取咖啡

濾紙滴漏法萃取咖啡的成功與否，除了與咖啡粉的新鮮度有關外，咖啡粉是不是充分被熱水覆蓋了？過濾層是否牢靠？這些都有影響。在此我整理出六大萃取重點。

濾紙滴漏法成功與否重點在於「蒸」。

這裡的「蒸」並沒有嚴格的定義；讓少量熱水滲透整個咖啡粉，稍微靜置一下形成過濾層，讓熱水通過咖啡粉；熱水通過粉時，多孔質的咖啡粉會膨脹，變成以水蒸氣蒸煮的狀態，而形成有厚度的過濾層。要萃取得平均且有效率，製作過濾層是不可或缺的基礎手續。此手續一般稱之爲「蒸」。

想要做出堅實的過濾層，必須用剛烘焙好沒幾天的新鮮豆子。咖啡粉新鮮的話，注入熱水的同時表面就會隆起，形成漢堡模樣的過濾層。不新鮮的咖啡粉做出的過濾層雖然也會隆起，但立刻就陷落成缽狀。這樣煮出來的咖啡濃度低且清淡。我前面已經說過，美味咖啡的條件是「剛烘焙好、剛研磨好、剛沖煮好」。請將這三點謹記腦中。以下是濾紙滴漏法的萃取步驟。

●萃取條件

・咖啡粉＝中深度烘焙的綜合咖啡
・研磨度＝中度研磨
・粉量＝二人份18公克
・熱水溫度＝83℃
・萃取量＝300毫升

1　將濾紙安置在濾杯上，倒入中度研磨的咖啡粉，輕輕搖晃濾杯，讓咖啡粉的表面平整。份量是一人份十公克，二人份十八公克，三人份二十五公克；每增加一人就增加七到八公克。咖啡杯、咖啡壺、濾杯事先要以熱水溫過。

2　第一次注水。握住手沖壺壺把的上方，讓熱水由注水口細細流出。熱水由粉面上方三到四公分處正對粉面垂直落下。重點是要有將水「放上去」的感覺。咖啡的萃取就是「順時鐘方向畫圓」、「把熱水放上去」這些動作。要讓出水的水流細小，必須使用鶴口狀壺嘴的手沖壺。

3　注入熱水的同時，咖啡粉表面會形成漢堡狀的膨脹，此時水勢若過強，會讓膨脹塌陷。如照片中的樣子，咖啡粉膨脹、「悶蒸」，靜置二十到三十秒左右。最理想的熱水量是，咖啡壺中有幾滴，或者最多也僅是薄薄一層咖啡液覆蓋壺底。

4　「悶蒸」的階段結束後，第二次注入熱水。將手沖壺與咖啡粉表面保持水平，順時鐘畫圓般的垂直注入熱水（圖28），要讓熱水浸透整個咖啡粉。此時必須注意，絕不能將熱水倒在漢堡狀過濾層外側周圍的部分。

5　新鮮的咖啡粉會產生許多細微的泡沫。雖然同樣是新鮮咖啡，但淺度烘焙咖啡不會產生泡沫。另外，咖啡粉不新鮮，或者水溫過低的情況下，不會膨脹反而陷落。

6　第三次注水。注水時機是熱水注滿、粉面凹陷，熱水全部滴落之前。過濾層一旦變成缽狀就很難復原。咖啡的成分到第三次注水爲止已被全數萃取出。之後再注入熱水萃取是爲了調整濃度與萃取量。萃取的時間太長，損害咖啡味道的成分會被釋出，因此第四次之後的注水要儘可能快速。以上內容歸納出的萃取重點如下：

1 使用新鮮的咖啡
2 咖啡粉要適度研磨
3 保持適度的水溫
4 充分悶蒸，製作牢固的過濾層
5 過濾層的邊緣部分不要注入熱水
6 萃取要快速

濾紙滴漏法是利用熱水通過咖啡粉萃取美味的方法。要不斷以這六個條件要求自己。

我再三提醒，不新鮮的咖啡粉注入熱水後不會膨脹。咖啡粉無法膨脹就無法做出過濾層，精華也無法完全萃取出來。

以烘焙咖啡豆維生的我敢公開說出「不新鮮的咖啡粉不會膨脹」是需要很大勇氣的，因爲一馬虎就會自打嘴巴；這樣的公開宣言像是選舉公約，違反公約是可恥的，讓我不得不將它

圖28

注入熱水時要由內而外，順時鐘方向緩緩細細地倒入。水流必須夠細，因此不能使用一般水壺，最好使用鶴嘴狀的細口手沖壺。

自然而然融入咖啡生意中。

接著如我前述的，在確保鮮度之後就必須要適當研磨咖啡豆。關於咖啡粉的研磨度希望大家記得如下的法則：

「研磨度愈細愈濃厚，苦味愈強；研磨度愈粗愈清爽，苦味愈弱」

研磨度過粗，熱水會一下子通過咖啡粉，精華還未被充分萃取出來就結束了。相反的，研磨度過細會塞住濾紙濾孔，容易造成萃取過度，而且浸漬時間過久會引出過多單寧，製作出澀味咖啡。對濾紙滴漏法而言最適當且正確的研磨度是中度到中粗度研磨。

另外關於3「保持適當的水溫」也有以下的法則：

「水溫愈高苦味愈強（亦即酸味愈弱），水溫愈低酸味愈強（亦即苦味愈弱）」

水溫過高，粉會急速膨脹，接著就像火山爆發般的在粉表面爆開一個洞，並噴出蒸氣。相反的水溫過低時，粉不會膨脹反而凹陷，咖啡的精華也無法萃取出來就結束了。

接著是5「過濾層的邊緣部份不要注入熱水」，希望大家謹記這點。水流入周圍部分，支撐過濾層的支柱會被破壞而讓熱水通過。特別是邊緣部份的粉量較少，美味成分還未被充分

萃取水就流過了，結果製作出的咖啡液濃度低且口味清淡。
６「萃取要快速」。只要萃取美味成分，不需要的成分都不萃取。

照著以上的重點適當且正確萃取，萃取結束後留在濾紙上的咖啡粉應該會變成完美的缽狀。這代表邊緣部份的咖啡粉一直到最後都支撐著過濾層。相反的，若沒有出現該形狀，即表示熱水注入的狀況不穩定。

①

②

③

④

⑤

⑥

5・5 用法蘭絨滴漏法萃取咖啡

濾紙滴漏法起源自法蘭絨滴漏法。法蘭絨能使咖啡的味道更加香醇滑順。唯一美中不足的是手法過於繁複。此爲咖啡專家愛用的萃取法，處理過程簡單易懂。

法蘭絨滴漏法萃取的咖啡香醇滑順，因爲它的咖啡粉做出的過濾層較濾紙滴漏法厚，讓咖啡粉得以充分悶蒸，再加上過濾速度一致，萃取出的味道也平均。另一方面，濾紙滴漏法的過濾層常會變薄，故粉的份量與萃取時間必須嚴格計算。一般認爲法蘭絨滴漏法是專家專用的手法，事實上它對外行人而言也是相當簡單易學的萃取方式。

以下是法蘭絨滴漏法的萃取步驟：

●萃取條件

・咖啡粉＝中深度烘焙的綜合咖啡
・研磨度＝中度研磨
・粉量＝二人份18公克
・熱水溫度＝90℃
・萃取量＝300毫升

1 將咖啡粉放入法蘭絨中，輕輕晃動粉的表面使之平坦。接著以湯匙尖端在中央部分挖個洞，這樣注入的熱水就不會橫流而能滲透整個咖啡粉。

2 手沖壺的注水口盡可能接近凹洞中心，第一次注水時緩緩且細細的倒入，感覺像是要把水「放上去」，因此注水口必須相當窄細。如果使用闊嘴水壺，注出的水會在表面形成漩渦狀，且水壺難以微調移動。

3 使熱水滲透整個咖啡粉「悶蒸」，確保熱水不會偏向粉的任何一邊，就能夠平均萃取。悶蒸時間爲二十到三十秒。

4 第二次注水。與濾紙滴漏法相同，熱水由中心向外以順時鐘畫圓的方式緩緩注入；要注意不要直接將水注入粉的邊緣部分，特別是法蘭絨布的地方。

5 法蘭絨的咖啡粉層較厚，故具有能夠緩慢悶蒸的優點。另外因爲沒有濾杯的阻擋，即使水溫高，空氣也能由各處排出，不會由咖啡粉表面衝出。

6 由第三次注水開始表面會產生許多細微泡沫。泡沫大代表水溫過高，泡沫少則代表水溫低（不新鮮的咖啡粉亦相同）。注水時要注意這點。

＊　＊

法蘭絨滴漏法是卓越的萃取法，但有「開始」以及「結束」兩個缺點。所謂「開始」，指的是使用全新的法蘭絨布時有很多麻煩。有些法蘭絨布上附著螢光劑、漂白劑、醬糊等，故新的絨布必須先以熱水煮沸。最好的方法是加入咖啡殼一起煮，這樣這些雜質就不會沾染到萃取出的咖啡液了。

「結束」則有兩個意思；一是如字面所示，絨布的毛掉落時使用壽命就結束了。不管是法蘭絨或是濾紙，滴漏的重點在於如何使熱水在咖啡粉中停留一段時間。此停留時間會因法蘭絨布的使用頻率而改變。也就是說第一次使用的法蘭絨布熱水落下快速，而使用過一段時間的絨布，因爲網眼多被塞住，使熱水停留時間增長。如此一來萃取狀況就不穩定了。

而另一個「結束」是指使用後的管理。法蘭絨布使用完後必須用水洗過，並放入裝了水的容器中擺進冰箱保管。不可以用清潔劑清洗，也不可以曬太陽。將它烘乾的話，滲入絨布中的咖啡脂肪會氧化發出惡臭。

法蘭絨布的麻煩之處就在使用前與使用後的管理。雖然有這樣的缺點，但法蘭絨滴漏法還是充滿魅力。多數的自家烘焙店以及咖啡愛好者都偏好此法，因爲法蘭絨布能創造出獨特的風格，以及時而纖細時而複雜精妙的味道。擁有如此優點，手續再繁雜也無所謂了。

法蘭絨滴漏法使用的是單毛面的棉質絨布，形狀從半圓形到襪型各式各樣都有，可以買市面上現成的產品，也可以自己買布裁製。一般都是將平縫線擺在內側，毛面向外，也有相反亦可的說法。

①

②

③

④

⑤

⑥

5・6 談談Espresso咖啡

Espresso咖啡也能輕易在一般家庭喝得到。在此我介紹兩種Espresso所使用的機器，一是在義大利家庭普遍使用的「摩卡壺」（Moka），一是簡易濃縮咖啡機。

■Espresso咖啡的萃取法

只要去過義大利旅行的人，相信都會對在吧檯喝到的Espresso咖啡有特殊的思念。小杯①中那僅僅30毫升的濃濃液體。光是喝下一口就能感覺到口腔被咖啡的精華包覆住。就像喝下了提振精神的提神飲料似的，可以清楚分辨出其與滴漏式咖啡的不同。Espresso咖啡對義大利人而言是生活上不可或缺的一部份，他們一直認爲這咖啡應該要風行世界才對；或許是他們的想法上達天聽了，這幾年來全世界都籠罩在一片Espresso咖啡風潮中。美國西海岸被稱爲「西雅圖系列」的咖啡連鎖店就是這波風潮的導火線；而由Espresso咖啡發展出的那堤咖啡（Caffe Latte）與卡布奇諾咖啡（Cappuccino）②在日本相當受到矚目。

在女性顧客間相當受歡迎的卡布奇諾咖啡，是以聖方濟修會（Capuchin）修士的修道服命名。聖方濟修會是以清貧著稱的義大利拿坡里「保羅聖方濟修會」（San Francesco di Paola）的分會，淺巧克力色的修道服是其標誌。卡布奇諾咖啡亦可暱稱爲「卡布」，義大利的習慣是在早上飲用，外國人則沒有這種限制，午餐、晚餐後也可點單飲用。

接下來，咖啡的萃取法主要有三大類方式，一是滴漏法，二是以土耳其咖啡爲代表的水煮法，三是採用濃縮咖啡機萃取。這就像是不同的相撲力士在同一塊土俵③上比賽似的，彼

摩卡壺使用中細度到細度研磨。

適用於濃縮咖啡機的咖啡豆，上圖為肯亞咖啡豆，下圖為哥倫比亞咖啡豆，豆子顆粒大、果肉厚實且堅硬，深度烘焙後仍具有多采多姿的風味。

濃縮咖啡機使用極細度研磨。因需經高壓萃取，故咖啡研磨度必須較摩卡壺更細。

此間味道的優劣實難決勝負。重要的是這些方式的內容有什麼不同。

濃縮咖啡機是將加壓熱水送進剛研磨好的咖啡粉（極細度研磨）中，瞬間萃取出可溶解的成分，同時乳化脂質成分，產生焦糖般的香氣與獨特的咖啡液。若說清澄不混濁的咖啡液是滴漏式咖啡最理想的狀態，那麼濃縮咖啡機萃取最理想的狀況就是咖啡表面覆蓋著細緻泡沫。

將咖啡粉（一人份7公克）平均裝入濾器，用填壓器將咖啡粉平均壓至緊實。徒手壓平的壓力大約20磅（約9公斤）。確實裝入機器中，打開沖煮開關，90℃、九個大氣壓力的熱水由出口噴出，二十到二十五秒左右萃取結束。一次的萃取量約30毫升，液面上的crema（霧狀泡沫）約2～3公厘。

以上是使用濃縮咖啡機的萃取，但是一般義大利家庭均採用稱爲「摩卡壺」的濃縮咖啡器具。摩卡壺是兩層構造，下壺內裝的水沸騰後，就會通過裝有咖啡粉的網狀濾器，噴入上壺。摩卡壺在美國亦稱爲「義式滴濾壺」。沒有使用氣壓就能將熱水注入中細度研磨的咖啡粉中，嚴格來說這不能算是濃縮式萃取，而比較接近滴漏式，但它卻能做出類似Espresso咖啡的濃度與風味。

Espresso咖啡必須使用專用的烘焙咖啡豆。過去使用的是近乎碳化的義式烘焙咖啡豆，但最近義大利當地也開始普遍使

●咖啡飲用方式的演變

衣索比亞過去是將咖啡當作食物食用。將果實剁碎後，用油捏成丸子狀。這種做法傳到阿拉伯，將咖啡種子剁碎煮過、加入香料，就誕生了「蘇丹咖啡」（Cafe ala Sultana），這是歷史上最早的飲用咖啡方法。

土耳其咖啡以類似柄杓的器具（Ibrik）沖煮，這種傳統煮法能夠使深度烘焙的咖啡更加濃厚。今天義大利使用濃縮咖啡機沖煮咖啡，這是威尼斯商人將土耳其咖啡的煮法傳入義大利後加以改良的結果。

義式咖啡的烘焙度較土耳其咖啡淺；進而傳入法國，稱為法式咖啡，烘焙度又再淺了一點。之後傳入其他國家，因而有了德國德式咖啡、美國美式咖啡等，烘焙度愈來愈淺。喝咖啡在阿拉伯與土耳其是具有宗教意義的。隨著咖啡的烘焙度愈來愈淺，漸漸成為如茶一般的大眾飲料。

營業用濃縮咖啡機，具有半自動、全自動功能。

在義大利被暱稱為「摩卡」（Moka）的簡易萃取壺，其萃取液嚴格說來不能算是濃縮咖啡（Espresso）。

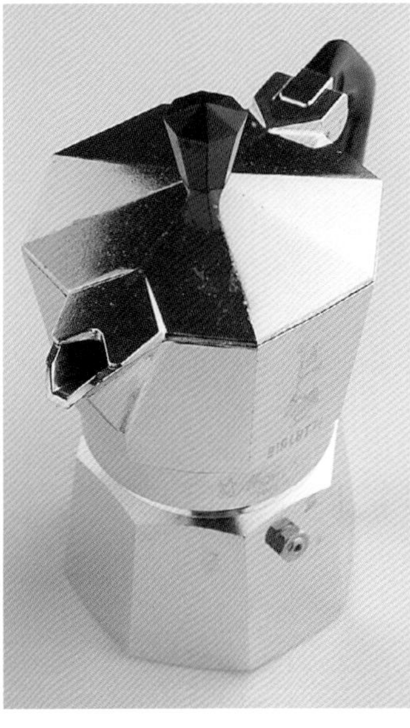

家用型的濃縮咖啡機。

③

①

④

②

●關於九州沖繩高峰會

二○○○年七月在九州的福岡、宮崎、沖繩本島等地召開先進國領袖高峰會議。位在九州二縣的是外交部長、財政部長會議；沖繩名護市的則是世界各國領袖會議，以日本森喜朗首相為首，與會的還有美國柯林頓總統、俄羅斯普汀總統等。高峰會舉行前四個月，我接到辻調理師學校通知，要我們負責沖繩高峰會晚宴上的咖啡。

此次高峰會的晚宴料理由該校全權負責，主菜部分由田崎真也負責，而點心部分則是辻調④擔任。

突然被指定要讓世界各國領袖飲用巴哈咖啡館的咖啡，真是無比光榮。

我立刻開始著手製作樣品；以基本的綜合咖啡為基調，再配上各式豆子組合，苦味強烈的咖啡、苦味被壓抑的咖啡等等，製作出了許多樣品，但究竟怎樣的味道才合他們的口味呢？完全沒有頭緒。

我將完成的數個樣品，加上巴哈咖啡館賣得最好的巴哈綜合咖啡送至大阪的辻調。

辻調的專業老師們不斷反覆試喝，最後選出的咖啡竟是巴哈綜合咖啡。他們認為巴哈綜合咖啡最具國際性的味道。

晚宴在名護市內的萬國津梁館舉行。以沖繩料理為主調的豪華主菜之後就是甜點時間。點心有抹茶風味的Le blanc-manger⑤、古酒泡盛、咖啡和紅茶。

據我所知美國總統柯林頓很討厭咖啡，所以一開始我並不期待他會喝，結果他看著義大利與德國首相們用丸谷燒的杯子喝咖啡那美味的樣子，忍不住也開口喝下了巴哈綜合咖啡。那個畫面就如同各位當時在電視上看到，其後就如大家所知道的。

用烘焙度較淺的深城市烘焙到法式烘焙豆。另外，Espresso咖啡中少有百分之百的阿拉比卡種咖啡，幾乎所有的咖啡吧端出來的都是羅布斯塔種咖啡。被一般世人排斥的羅布斯塔種咖啡卻被義大利人如此愛用，因爲義大利人認爲「優質的羅布斯塔種咖啡要比次級的阿拉比卡種咖啡好」。但是在此先將羅布斯塔種咖啡擺一邊，我們要試用百分之百的阿拉比卡種咖啡製作Espresso。

還有另一個原因，Espresso咖啡所使用的多半是綜合咖啡豆，有時會因配合的比例不同而產生味道雜亂的問題。在此我們使用肯亞或者哥倫比亞咖啡豆製作單一口味的Espresso咖啡。我前面已經提過，肯亞與哥倫比亞豆的顆粒大且果肉厚，豆質堅實（D型豆特徵）適合深度烘焙，也相當適合濃縮咖啡機使用。

●萃取條件

- 萃取器具＝摩卡壺
- 咖啡粉＝中深度烘焙的肯亞咖啡
- 研磨度＝中細度研磨
- 粉量＝15公克（三人份）
- 萃取量＝90毫升（三人份）

1　將咖啡粉放入濾器部分（三人份15公克），以量杯的底部代替填壓器將咖啡粉輕輕壓實。使用濃縮咖啡機時必須用力壓實，但直立式的摩卡壺只需輕輕壓實，讓咖啡粉平均即可。

2　下壺注入熱水（三人份１００毫升）。使用熱水是爲了避免由冷水加熱至沸騰的時間過久，導致咖啡精華無法瞬間萃取出來。

3　將裝了咖啡粉的濾器放入２的下壺。

4　使用雙手將上壺裝至下壺。若產生縫隙，蒸氣與熱水會由此漏出，故一定要鎖緊。在火爐上擺上鐵網，擺放摩卡壺時才能穩定不搖晃；接著一口氣以強火煮沸。熱水會上升至上壺中，在細細的泡沫消失前將咖啡液注入杯中。

①小杯：英文稱「Demitasse Cup」，法文稱「demi-tasse」，指二分之一尺寸的杯子。
②此處咖啡的命名皆參考星巴克咖啡（Starbucks Coffee）所使用的名稱。
③土俵：相撲比賽的場地。
④辻調：辻調理師學校的簡稱。
⑤Le blanc-manger：用杏仁奶與野草莓做的點心。

我唯一最自豪的一點就是，其他的餐點都是為了這場會議而作的，只有「巴哈綜合咖啡」是平常就能買到的；不是特製的，是普通市面上銷售的產品。這點讓我無限喜悅。

5・7 其他的咖啡萃取工具

目前最受矚目的是法式濾壓壺；滴濾壺仍舊有一定的人氣；塞風壺則因爲新式的鹵素加熱法而重新獲得青睞。每種萃取工具皆有其作用與優缺點，讓我們來看看！

除了滴漏式之外，咖啡還有各式各樣的萃取方法。其中比較特別的只有土耳其咖啡，必須使用稱爲Ibrik的獨特道具，以及水滴式咖啡機萃取。在此我提出三種較常被使用的塞風壺萃取法、過濾壺萃取法、濾壓壺萃取法。

●塞風壺（Syphone or Siphon）

塞風壺是被稱爲眞空過濾的萃取法。一八四〇年由英國技師羅伯特・那皮耶發明。

萃取的構造很簡單；在下壺放入熱水加熱，水沸騰之時就將裝有咖啡粉的上壺放上去，找不到出口的熱水只能通過管子進入上壺中，與咖啡粉混合萃取出成分。因爲熱水幾乎被送進上壺中，因此離火時下壺內部是眞空狀態，讓咖啡液過濾後一口氣滴落下壺內。

此種萃取方式最有趣的地方在於，能夠由外部觀察到整個萃取過程。有一段時期咖啡店相當流行塞風壺萃取法，因爲它較滴漏式萃取法具可看性，而且只要將作業程序說明書化，任何人都能製作出品質一致的咖啡。不過它的味道不容否認確實較滴漏式平淡單調，再加上多以高溫萃取，容易產生苦味與澀味也是一大缺點。

另外塞風壺處理不易容易損壞也是它逐漸消失的原因。最近新型的鹵素加熱器五合一塞風壺上市，塞風壺的捲土重來令

表31　各種咖啡器具的萃取條件

使用的器具	研磨度	水溫	萃取量	萃取速度
濃縮咖啡機	細度研磨	高溫	少	快速
濾紙滴漏法	中度研磨	82～83℃	中庸	中庸
法蘭絨滴漏法	中粗度研磨	高溫	少	緩慢

一般的塞風壺

使用鹵素加熱管的五合一塞風壺組（Lucky Coffee Machine製作）

人可期。

●滴濾壺（Percolater）

這是日本較不熟悉的咖啡道具。美國由十九世紀西部拓荒時代開始使用，一九五〇年代以驚人的氣勢普及於一般家庭中。只需將咖啡和熱水放在火上煮即可，這種簡便性是其他器具看不到的。雖然使用方便，但不容小覷。

使用方式相當簡單。首先將極粗度研磨的咖啡粉裝入濾杯，粉的份量是一人份十公克左右。接著將濾杯放入壺中，將熱水加至距離濾杯約一公分左右的高度後開始加熱。熱水沸騰時水蒸氣會延著中央的管子爬升，由上方噴出。熱水產生對流落至濾杯內的咖啡粉上，咖啡成分因此萃取出來。

利用蒸氣壓力這點與簡易的濃縮咖啡器具摩卡壺有幾分類似，但有一點不同。過濾壺的咖啡萃取液是由濾杯的洞孔落入壺中，然後再度被往上推滲透咖啡粉；也就是說它並非一次就萃取完畢，只要不熄火，咖啡液就不斷的上下循環；在火上的時間愈久，煮出來的咖啡愈濃。爲了避免萃取過度，沸騰後二到三分鐘即可熄火。

滴濾壺

●濾壓壺（Coffee Press）

也稱爲法式濾壓壺，是最近相當受到矚目的工具，在量販店或咖啡連鎖店等地方皆有販售。濾壓壺並非新發明的器具，在日本是以Melior或者Hario等名稱販賣，原本主要用於紅茶上，因此將它用在咖啡上或許也算得上是一種新發明吧！在歐美國家相當普及，特別是法國幾乎家家戶戶都普遍使用這種濾壓壺。

快速普及的原因當然與簡便有關。將中度到中粗度研磨的咖啡粉與熱水（90～95℃）放入壺中，以湯匙輕輕攪拌，蓋上蓋子後，將壓桿向上拉，讓它悶蒸四分鐘左右；接著扶住壺把，將壓桿緩緩下壓就完成了。

不像塞風壺一樣需要攪拌，也不易萃取出造成苦味的單寧，粉的份量、研磨度、水溫一旦固定就能製作出品質一致且味道安定的咖啡。困難之處在於比起滴漏式萃取更難確認咖啡粉的新鮮度。滴漏式萃取法可透過咖啡粉膨脹的狀態判斷新鮮與否，但濾壓壺萃取是將粉浸在水中，因而無從判斷。

濾壓壺

巴哈咖啡屋的足跡

■開始自家烘焙的理由

巴哈並非一開始就是自家烘焙的咖啡館，眞正開始自家烘焙是一九七五年一月開始，在那之前只是普通的咖啡店，更早之前是戰前就開始經營的大眾食堂。

常有人問，爲何要開始自家烘焙呢？一大原因在於烘焙業者送來的咖啡豆品質不均情況太嚴重。咖啡這種東西由烘焙完成後就開始劣化了，關鍵在於是否能趁新鮮飲用。我總是拜託業者送新鮮的咖啡豆給我，但業者有時給我新鮮的，有時又給我不新鮮的，首先咖啡鮮度的品質就不一致了。

當時民眾根本就不關心咖啡新鮮與否，既然大家都不在意，業者也就若無其事的送些不新鮮的咖啡，而收到這些不新鮮咖啡的咖啡店老闆，對於這些快要酸敗的咖啡也從不抱持懷疑。說這些人無知，或許是因爲他們太老實了。

開始自家烘焙的第二個原因，是因爲我想讓「巴哈」成爲像歐洲那些咖啡館。去一趟歐洲你會發現大部分的城鎮都有中央廣場，而在中央廣場的一隅一定會有一家知名的咖啡館；歌德去過的羅馬「葛瑞科咖啡館」，沙特與波娃討論文學與藝術的巴黎文學咖啡館「雙叟咖啡館」。雙叟咖啡館的露天咖啡座常聚集許多名人。咖啡館不只是藉由一杯咖啡提供人與人相遇的場所，同時也是文化的發祥地。

回頭來看日本的咖啡店，提供人與人相遇的場所這還在其次，最重要的還是咖啡的販售。但是這些咖啡店的老闆卻缺乏咖啡豆的相關知識，就連用眼睛辨認鮮度好壞這項能力都沒有，結果日本的咖啡店只是烘焙業者用來販售咖啡的地方。

我的店不是要模仿巴黎的雙叟咖啡店。雙叟是位在藝術家居住的聖日耳曼德佩（Saint-Germain -des-Pres），而我的店是位在上班族出沒的台東區山谷的正中央。說是藝術家之街，更精確點應該是貧民之街，這條街上即使沒有藝術的氣氛也不影響人與人間美好的相遇，這些人們物質雖貧窮，心靈卻富有。山谷是我的妻子文子出生成長的地方，我想讓我的咖啡店成爲在這裡工作人們心靈上的綠洲。

■以德國為範本

我烘焙咖啡完全是自己的一套做法，因爲當時在日本還沒有所謂烘焙標準，而世界則是瀰漫一片淺度烘焙的美式咖啡風潮；然烘焙度過淺，卻使得日本的咖啡店完全聞不到咖啡香味了。因而我決定自己創出一套標準。

巴哈咖啡屋曾負責提供2000年沖繩高峰會上所使用的咖啡。為了紀念此事，店裡每年七月都會召開「沖繩高峰會商品展」。圖中是會中使用的點心。他們對於點心與咖啡合適與否也相當用心。

我的參考範本在德國（前西德）。當時德國的咖啡被稱爲世界第一，是滴漏式咖啡的頂點。我在心中不斷的希望能夠前往德國見習，終於一九七八年我首次前往歐洲，三個禮拜內我走遍了東西德、奧地利與比利時。

在與南德鄰接的奧地利薩爾茲堡（Salzburg, Austria）一間極平常的立飲咖啡店①，我喝到了讓舌頭相當驚訝的美味咖啡。那是西德咖啡製造商「艾德休」的直營店。「艾德休」與「奇波」、「耶可布斯」並列西德三大咖啡製造商，當時光是這三家公司就佔了西德八成的咖啡市場。而「艾德休」甚至還進軍奧地利。

艾德休咖啡就跟傳說中一樣美味，而這樣的咖啡卻只是一杯價值六〇日圓的立飲咖啡，它讓我的口鼻充滿驚喜，並將那味道刻進記憶深處。艾德休咖啡的強烈香味在數條街外都聞得到；沒有一顆瑕疵豆，豆子大小均勻，味道平均。烘焙度採用被稱爲德式烘焙的中深度烘焙，對於習慣日式的淡味美式咖啡飲用者而言，那印象猶如被打了針興奮劑般強烈。

艾德休的咖啡雖然讓我驚喜，然僅止於此，原因是我的咖啡與艾德休咖啡相同。帶我前往艾德休咖啡館的S先生在喝了艾德休的綜合咖啡後，對我叫道：

「這味道不是和巴哈綜合咖啡一樣嗎？」

■關於當時日本烘焙的點點滴滴

當時巴西等咖啡生產國輸出國外的咖啡主要分三大類，銷往歐洲的、銷往斯堪地那維亞半島諸國（北歐）的，還有銷往其他國家的普通咖啡豆。銷入日本的是自然乾燥的普通等級咖啡，因此混有相當多瑕疵豆與雜質。另一方面，西德咖啡主要以高級水洗式咖啡爲中心，品質上也遠遠超越日本。

而且烘焙咖啡的機器是西德最自豪的世界名機「Probat」。但並非用好機器就能烘焙出好咖啡。這是我聽到的事情；日本某家烘焙業者引進「Probat」時，還有一位西德的烘焙指導者隨行。日本的烘焙技術者率先試用安裝完成的機器。當他自負的將烘焙好的豆子端出來時，西德的指導者叫道：

「還是生的！還是生的！」

當然那些豆子不是生的，會讓西德的專家感覺還是生的，是因爲日本人採用的烘焙度太淺的關係。結果店裡販賣的美式咖啡變得更淡了。當時的咖啡豆確實表面有許多黑色皺褶，且豆子表面凹凸不平，喝起來有股刺舌的澀味。若還是繼續採用淺度烘焙，那麼人們永遠無法享用到咖啡本身最佳的美味了。

日本咖啡偏好使用淺度烘焙，不光是綠茶與紅茶的影響，還能看到烘焙業者的自

開店已歷時三十五年。店家門面的看板曾經歷一次更換，相當具親切感。

巴哈咖啡屋備有二十多種常用咖啡。其中最受歡迎的是「巴哈綜合咖啡」，廣泛受到初次來店的客人以及常客的好評。

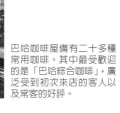

作主張；一方面，深度烘焙豆子保存困難，不易儲存；另一個原因是深度烘焙的豆子排氣激烈，難以包裝；烘焙好的豆子無法立刻包裝，會造成流通困難。

再加上深度烘焙的技術未成熟，對付烘焙產生的煙與臭味的設備也不齊全。淺度烘焙在減少公害上的花費低，而且淺度烘焙才不會讓瑕疵豆太明顯。

在美式咖啡當道的背景下，我執意自家烘焙並非爲了創造流行，只是爲了追求自己的理想。我相信自己的方向並沒有錯，只要喝過艾德休咖啡就能夠證明。我那次歐洲視察旅行帶回的土產是裝滿整個旅行袋的咖啡豆，大概超過二十公斤了吧！

■烘焙技術的重要性

那次歐洲旅行帶回來的咖啡豆每顆形狀與尺寸都是經過嚴選。每顆咖啡豆是怎樣的味道除了杯測外還加上精細的解析。由此得知德國咖啡的主流不是日本人熟悉的巴西或者哥倫比亞，而是肯亞咖啡豆。當時的日本對於非洲的咖啡豆還不清楚。

數次赴歐視察的我八○年代開始將注意力放在咖啡生產國上。我去過的國家有五十餘國，還沒去過的國家只有因藍山咖啡而出名的牙買加。或許是因爲德國的影響，我連非洲都去過了。特別是親眼見到肯亞的精製技術與帶殼豆乾燥技巧時，他們的管理方式令我吒舌。

我在本書中第一次提出「系統咖啡學」的想法，但事實上從二十年前開始我就已經實際將A到D型的顏色分類方式用在烘焙上了。而且當時我就明白咖啡的味道決定於烘焙度而非產地名稱。

讓我了解這點的，是日本流行的淺度烘焙美式咖啡，以及在德國喝到的德式烘焙咖啡。這種極端的烘焙度讓咖啡的味道不同，這給了我抓住某個「法則」的靈感。因爲這個原因，這趟德國之旅成了我製作咖啡的出發點。

我似乎和德國特別有緣。小時候我念的是札幌的德國基督教學校；青春期是在一九六○年的日美安保條約以及巴哈的音樂中度過。接著我開咖啡店第一次接觸的國外代理商就是德國人，而我努力的目標也是德國的艾德休咖啡。

但是今日德國咖啡的氣勢已經不如往昔，艾德休也被奇波併購，不再販售咖啡豆而改賣咖啡粉。販賣的是咖啡粉的話，就不需要講究豆子是否平均、顏色是否均勻了。我這麼說也不怕被誤會，咖啡粉比較容易混水摸魚。

追上德國、超越德國，這是三十年來一直在我心中反覆的聲音。這個聲音已經逐漸消失、日標已經達成的今天，我才能夠回頭遙想過去那段歲月。

①立飲咖啡店：沒有座位，只能站著將咖啡喝完的店。

巴哈咖啡屋的工作人員。
攝於2003年7月。

日本精品咖啡的展望

國際市場品質改良運動的起步

二〇〇三年四月，日本成立精品咖啡協會（會長是ＵＣＣ上島咖啡股份有限公司社長上島達司先生。協會以下簡稱ＳＣＡＪ），同年七月在東京台場的日航東京飯店舉行招待會。登記的會員由出口業者到個人會員約有四百多個單位（七月十七日的現在）。當天與會的還有ＳＣＡＡ（美國精品咖啡協會）、ＳＣＡＥ（歐洲精品咖啡協會）等的相關人士，以及駐東京的咖啡生產國大使館相關人員，盛況空前。

同屬該協會的我（巴哈咖啡代表　田口護）之後順道前去致意而前往位在港區濱松町的ＳＣＡＪ本部拜訪，與事務局長河合哲也先生就精品咖啡的現狀以及未來發展交換意見。會談開頭，河合先生說：

「這個協會不單是推廣高品質咖啡使之普及的窗口。」

「這項運動正以世界性的規模擴展中。本質上可以說是國際市場的咖啡品質改良運動，但實際上不僅止於此。富裕的消費國與貧窮的生產國間仍舊存在著南北經濟差異的問題。因此我們協會的宗旨還包括希望有助於消除這種經濟差異。另外環境保護的生態學也包含在內。可以算得上是全球化的社會改革運動吧！」

日本精品咖啡協會事務局長
河合哲也先生

借用河合先生的話，現在國際咖啡市場的現狀相當可悲，「劣級品驅逐良質品」。小規模的生產者即使想要生產優質咖啡豆，也會因爲不具市場知識，或不懂流通管道，而把豆子用低於生產成本的價錢賣給仲介業者，因而國際交易市場上生豆的價格長期低迷。

生產農家因爲陷入經濟危機而不買肥料與除草劑，使得農園急速荒廢，而咖啡豆的品質也愈來愈差。這種狀況造成愈來愈多雖然想生產，卻因爲債務而荒廢種植的農家。

姑且不論國際市場價格如何，對於這些弱小規模的咖啡生產者，如果他們生產出優質的咖啡豆，我們就該給予對等的價值。或許視情況先付訂金，或許與之訂定長期契約，有了這些支援，這些生產者就能夠謀求自立、改善生活環境，並能生產出高品質的咖啡。也就是我們要讓「良質品驅逐劣級品」，相信不久的將來穩固的高品質咖啡市場便能成型。這項以精品咖啡爲主軸的全球性改良運動有著這樣的遠景。

品質改良運動的中心宣傳標語是以下兩句話：

1　Sustainability

2　Traceability

1是指「可以持續供應」。也就是生產者不論今年、明年，還是往後的每一年都要能夠提供高品質的咖啡豆，並且消費者皆能以公正的對等價格持續購買。若今年能夠出產優質咖啡豆，但明年品質不能保證，這樣就一點意義也沒有了。必須建立起生產者持續生產優質咖啡豆，然後消費者購買，這樣相互公平的關係。

2是常可聽到的詞彙，這裡我將之解釋爲「產地履歷」。就像法國的ＡＯＣ（法定產區）葡萄酒一樣，咖啡由品種到精製法，由栽培地的自然環境到農園名、栽培者名，所有的出處全都列名出來，這就是「產地履歷」的主旨。

在品質改良運動興起的背景下，國際交易的指標卻是採用生產國自己的分級方式，譬如巴西的扣分法（Negative account，消極評價），這樣一來高品質的咖啡市場究竟何時才能成型呢？咖啡消費國對此相當焦慮。

評價標準不應該是咖啡的缺點，而該以咖啡本身具有的絕佳味道與香氣這些優點來評價。將此一全新評價標準導入市場，咖啡的品質就能整體提昇。具體的來說，就是以ＳＣＡＡ、ＳＣＡＥ、ＳＣＡＪ三個精品咖啡協會爲中心，將提昇品質的改革推向全世界，這就是品質改革運動的目標。

名牌等於高品質的危險與問題點

「我擔心的是精品咖啡的流行只是三分鐘熱度。若將精品咖啡視爲珍貴的寶物，那就和我們原本『良質品驅逐劣級品』的目的扯不上關係了。」

河合先生這麼說。將精品咖啡當作「那是只有少數人才能喝的『高級名牌』」是最危險的。

這種徵兆似乎已經可以看得到了。ＣＯＥ（優質咖啡，請參照１・６）的網路拍賣上，薩爾瓦多生產的精品咖啡以每磅（約４５０公克）14美元的天價賣出。這是真實發生的情況。國際交易市場的商業咖啡每磅最貴不過60美分，與之相比就可以了解該咖啡有多貴了。那簡直就是爲特定人士而存在的珍品。

根據河合先生的說法，據說全世界約五〇％的精品咖啡都是日本業者高價買下。日本是僅次於美國、德國，世界第三大的咖啡消費國，具有壓倒性的市場規模以及購買力。但我們在日常生活中卻看不到這些精品咖啡，日本市場幾乎都是商業咖啡的天下，精品咖啡所佔的比例只是微乎其微。

原本網路拍賣上的精品咖啡份量很少，即使某個特定品項高價成交，可以買到的量也不過是三十到四十袋左右（一袋約六十公斤）。如此一來，像我們這樣零星的自家烘焙店也能夠買得起。網路拍賣將是咖啡豆販賣的新未來。

直到數年前，即使有想要買的生豆，也只能買到一小漏斗的量。但是今天，不論是咖啡農或所需份量都能夠自己指定，而且也不需要透過代理商或者仲介就能買得到。連仲介商都買不到的咖啡豆也能夠買得到，咖啡的世界果然已有劃時代的發展。

但仍舊存在著問題。精品咖啡經由ＣＯＥ的競爭再透過網路拍賣，此一系統可稱得上是高品質咖啡的品管系統，卻不能將精品咖啡推廣至全世界。簡單的說，因爲這個系統上販賣的咖啡是絕對少量，不能確保咖啡的份量，

巴哈咖啡集團代表
田口　護

也不能確保隔年是否能有一樣品質的產品。

不論多麼優質的咖啡，若是無法持續買到相同品質的東西，豈不是太對不起偏愛該咖啡的顧客了？這也是一種欺騙。河合先生之所以會特別提出「可以持續供應」的重要性，原因正在此。但是這項改革運動才剛起步，或許有些缺點必須睜一隻眼、閉一隻眼。

河合先生也說：

「一開始只是少數的東西，一旦顧客支持，累積下來數量就能擴大。量一旦擴大，品質就能提昇。」

現在仍屬小型產業的市場將來有一天質與量都會擴大，而讓自己想要出品的咖啡品質穩定。大家一同引領企盼那天的到來。

真正高品質咖啡時代的到來

我今年春天（二〇〇三年四月）前往美國東岸視察在波士頓召開的第十五屆ＳＣＡＡ大會，還參與了「杯測」（Cupping）與「烘焙」（Roasting）的技術製作。我從河合先生那兒聽說，這場波士頓大會最大的贊助商是「唐肯甜甜圈」。連屬於速食範疇的「唐肯甜甜圈」都開始正視眞正的咖啡，並公佈顧客增加的實際業績。

「『不論哪個行業，只要能夠提供高品質的咖啡，就能夠獲得顧客的認同。』唐肯甜甜圈這種信念充滿哲學風味，但這種想法卻能夠影響很多層面。」

河合先生說。我也有同感。我也是被這樣的信念支撐著，而開了三十年的咖啡店。但讓我有點擔心的是，這樣下去會演變成「精品咖啡才是全部、才算咖啡，其他咖啡不足爲取」。我也使用了商業咖啡中最高級的咖啡豆，去除瑕疵豆統一品質。我有自信若是將這杯咖啡送往ＳＣＡＪ進行香味審查，它一定能達到精品咖啡的等級。

河合先生也說：

「精品咖啡與商業咖啡絕不是對立的。若將商業咖啡更精製，使其成爲更出色的咖啡，它也能夠變成一種精品咖啡。」

由美國努森咖啡（Knutsen Coffee）的安娜・努森（Erna Knutsen）女士提倡精品咖啡的概念至今已經三十年，比美國ＳＣＡＡ的設立晚了二十年，現在日本終於要進入高品質咖啡的時代。

（註）目前ＳＣＡＪ技術標準委員會正在針對日本對精品咖啡的定義與概念進行討論，預定今年內（二〇〇三年）提出結論。

●焦糖化測定器（或稱「艾寵儀」）（Agtron）
這是美國所使用的烘焙度指標。烘焙度是由最淺的100號到最深的25號（請參照65頁），以「烘焙度約是Agtron 50左右」的數值來表示。測定是仰賴名為Agtron M-Basic的特殊色差儀判斷。

●阿拉比卡種（Coffea Arabica）
與羅布斯塔種（正確來說應該是「康乃弗拉種」）、賴比瑞亞種並稱咖啡三大原生種。原產地是衣索比亞。為三大原生種中品質最佳者。主要種植在高地。

●非水洗式咖啡（Un-washed Coffee）
或稱作「自然式」、「自然乾燥式」。

●未熟豆
原意是「綠色」的意思，用來指未成熟的豆子。具有青草味，還有令人不舒服的味道。存放生豆使之乾燥，就是為了對付這種未成熟豆所採行的做法。

●水洗式咖啡（Washed Coffee）
意即以水洗的方式精製咖啡豆。雜質與瑕疵豆少，精製度高。現在除了巴西、衣索比亞、葉門等國家外，所有的阿拉比卡種咖啡生產國皆採行這種精製法。

●庫藏豆
為了去除水分，或者讓豆子成熟，而將生豆在定溫倉庫中擺放一段固定時間。這樣一來烘焙較為容易，且咖啡的味道更加醇厚。但一般來說，咖啡生產國與消費國都認為這種做法會損及咖啡的酸味與香氣。

●老豆（Old Crop）
距離採收時間已經過二年以上且水分含量少的生豆。相對於採收當年即上市的「新豆」（New Crop）與次年才上市的「舊豆」（Past Crop）。

●咖啡因（Caffein）
咖啡豆、茶葉、可可豆中含有的生物鹼（Alkaloid，含氮的鹼性化合物），與尼古丁（Nicotine）、嗎啡（Morphine）等同樣具有興奮、強心、利尿的作用。阿拉比卡種咖啡中約含1％，羅布斯塔種咖啡中約含2％，即溶咖啡中約含有3～6％。

●Cup Of Excellence（COE）
這是一九九九年在巴西首次舉辦的精品咖啡品評會，現在瓜地馬拉、巴拿馬、尼加拉瓜等國家也廣泛舉行。根據國內以及國際審查員嚴格公正的評審，選出「最高品質的咖啡」（COE），並公開透過國際拍賣網站向全世界販售。

●瑕疵豆
指混入生豆中的不良咖啡豆，包括發酵豆、死豆、黑豆、未成熟豆、發霉豆等。烘焙前後若未將瑕疵豆手選挑除，會破壞咖啡的味道。

●哥倫比亞清新明亮型咖啡（Colombia Mild Coffee）
這是紐約期貨交易所根據咖啡產地區分的四類咖啡中的一類，是哥倫比亞、肯亞、坦尚尼亞三國咖啡的總稱。其他三種分別是水洗式的「其他清新明亮型」、非水洗式的「阿拉比卡非水洗式」和「羅布斯塔」。咖啡的期貨交易是以此四大類為對象。

●商業咖啡
在定期市場交易的一般咖啡，也稱為「Commercial Coffee」。

●葉鏽病
多雨區的咖啡樹葉子易患的病。黴菌附著在葉子表面透氣孔生根且長滿斑點。具高傳染性，造成過去的錫蘭（今日的斯里蘭卡）與印尼等種植的阿拉比卡種咖啡全數死亡，而改種植耐病性強的羅布斯塔品種咖啡。

●篩網
依據生豆顆粒大小分類時所使用的有孔篩子。洞孔的尺寸單位是1／64英吋，使用18號篩網的話，能將直徑17／64以下的豆子篩落，留下18／64以上的豆子。篩網數字愈大豆子尺寸愈大。

●精品咖啡（Specialty coffee）
目前來說沒有嚴格的定義，其標準根據各國精品咖啡協會而不同。大致上具有明顯的風味，讓人留下絕佳的印象，這就是高品質的咖啡。過去的「老饕咖啡」、「白金咖啡」等高品質咖啡也屬於精品咖啡的範疇。

●遮蔽樹（Shadow tree）
用來避免咖啡樹直接日曬，種植在咖啡樹間，一般多為香蕉或者芒果樹。過去也被用來分散咖啡的霜害與病蟲害危險。

●精製
去除採收後的咖啡果實外皮、果肉、內果皮、銀皮等，取出生豆的步驟。大致分為水洗式與非水洗式兩種。

●霜害
因為下霜而引起的咖啡傷害。一九七五到一九七六年巴西帕拉那州發生了五十年來第一次的嚴重霜害，導致九億一五〇〇萬棵咖啡樹全數毀滅。當時佔世界咖啡生產量三分之一（二千五百萬袋）的巴西，生產量一度落到八百二十萬袋，而在國際市場上的生豆價格也達到史上最高的空前天價，由每磅六十美分左右漲至三美元三十六分。

●雙重烘焙（Double Roast）
如同文字所示，亦即烘焙兩次。烘焙途中（大多是在第一次爆裂前）將豆子自烘焙機中取出，冷卻之後再開始第二次烘焙。雙重烘焙的目的各式各樣，可以消除乾燥不均的情況，也可以拉平硬豆的皺褶。此做法可以美化豆子表面，卻會讓咖啡味道平淡。

●單寧（Tannin）
一般俗稱「單寧酸」，簡單的

咖啡用語解說

說就是咖啡澀味的來源。萃取過度時單寧產生的狀況會特別顯著。單寧能夠促進胃液分泌，消除自由基。

●微塵碎屑

就是附著在生豆表面的東西。生豆烘焙時，碎屑與銀皮等會脫落，被集塵機抽離，而附著在煙囪上。特別是非水洗式的巴西咖啡與曼特寧咖啡等含量最多。在烘焙一開始的階段（放入生豆後的三到四分鐘左右），將制氣閥全開約一分鐘使其容易被抽離。

●生產追蹤管理系統（Traceability）

起源自狂牛症以及食用肉品的標示偽造等問題，為了保障食物的安全性，因而提倡此系統。也可翻譯為「食品履歷情報追蹤」或者「產地資訊追蹤」。至於咖啡，則是將產地的自然環境、品種、精製法、莊園名稱、生產者名稱等標示在上面。

●生豆

咖啡果實經過加工精製後，作為商品流通使用的咖啡種子。

●南北問題

咖啡的產地多位在南、北回歸線包夾的「咖啡帶」內，而這些地方也多屬開發中國家，債務累累以及嚴重的通貨膨脹問題使他們生活困難。演變成南方皆屬貧窮的咖啡生產國，而北方多為富裕的咖啡消費國這種南北經濟差距。現在，以公正的貿易為目標的「公平交易」運動正以歐洲為中心推展中。

●新豆（New Crop）

當年採收的咖啡豆稱為「新豆」。水分含量多，大抵都屬濃綠色，構造成分豐富，味道與風味明顯且充滿個性。歐美國家只選用新豆沖煮咖啡，他們認為只有新豆煮出來的咖啡才是最棒的咖啡。

●內果皮（Parchment）

夾在果肉與銀皮中間的茶褐色薄皮。附著內果皮的咖啡稱為「帶殼豆」。因為能夠減少咖啡風味劣化的情況，因此咖啡產國多以內果皮咖啡的姿態進行交易、儲藏。

●圓豆（Pea-berry）

咖啡的果實通常含有兩顆種子，但發育不完全時只剩下一顆，這就是形狀渾圓的「圓豆」。根據產地的不同，有些地方甚至只收集圓豆販售（例如牙買加的高山圓豆等）。

●平豆（Flat Bean）

就是一般的咖啡豆，果實中兩相合抱的種子相接觸面會成平面，因此稱為「平豆」。與「圓豆」相對。

●公平交易（Fair Trade）

北半球的富裕消費國不止供應南半球貧窮生產國資金，還要以對等的價格買賣產品，讓貧窮生產國能夠持續提昇生產力，此一消費者運動稱為「公平交易」。產品對象包含咖啡、紅茶、可可、香蕉、砂糖等農作物。一九六〇年代開始以歐洲為中心向外擴展，還成立了國際性的網絡組織。

●馬拉戈吉佩（Marogogype）

原產於巴西的阿拉比卡種變種，在巴西的巴希亞州馬拉戈吉佩地方發現。尺寸為19號篩網以上的大顆粒豆子，亦被稱為「象豆」。賣相佳，但風味平淡。

●咖啡粉篩網（Mesh）

為了讓咖啡粉的顆粒平均因而將粉過篩。另一方面，咖啡的研磨度也稱作「Mesh」。

●單一作物文化

殖民地時代留下來的名稱，是指依賴單一或者少數一次作物的經濟構造，在開發中國家最常見。最典型的單一作物文化國家，咖啡是非洲中央的尚比亞與蒲隆地等國，紅茶則是斯里蘭卡等。

●碘臭

巴西的里約熱內盧地區收成的咖啡都會有刺激性的碘臭味。因為此地土壤的碘臭味強烈，採收時將咖啡果實打落在地面上，故咖啡豆子會沾附到此一獨特臭味。一部分的國家或地區將這種豆子視為傳統而相當珍視，但歐美、日本等國家相當排斥有碘臭味的咖啡。

●賴比瑞亞種（Coffea Liberica）

咖啡三大原生種之一，原產地為西非的賴比瑞亞。果實比阿拉比卡、羅布斯塔種大，屬低地產，環境適應力強，亦耐病蟲害。苦味強烈是其特徵。現在只有靠近西非部分國家（蘇利南、賴比瑞亞、象牙海岸等）有生產。

●羅布斯塔種（Coffea Robusta Linden）

非洲剛果原產的原生種。較阿拉比卡種耐病蟲害（特別是葉鏽病），環境適應力亦強，能夠在低地栽培。具有特有的「羅布味」（類似燒焦麥子的味道），而無法直接飲用。萃取液量多且價格便宜（只有阿拉比卡種的三分之一到二分之一），多用於罐裝咖啡或即溶咖啡。過去印尼是最大的羅布斯塔生產國，現在則是越南為主。品質較阿拉比卡種差。是工業用咖啡不可欠缺的材料，也是咖啡產業中不可或缺的品種。

●烘焙八階段

日本主要使用淺度烘焙到義式烘焙的八階段烘焙度。還有另一種分類方式，是使用日本電色工業製作的測定器測量明度（L值），再依此值分類。譬如肉桂烘焙的L值是25以上27以下。

美國最普遍使用的是「艾寵儀」分類法，但以色彩盤為世界基準的方式也正在急速建立中。

巴哈的花式咖啡配方

在此為各位介紹巴哈咖啡屋提供的花式咖啡配方。這些配方中的咖啡皆以濾紙滴漏法萃取，研磨度與萃取法請參考本書第5章1～4節。

冰咖啡

使用咖啡	深度烘焙咖啡（義式綜合、綜合冰咖啡等）
研磨度	中細度研磨
使用量（量杯）	一人份＝1.2杯 二人份＝2杯
萃取量	一人份＝咖啡壺一刻度量 二人份＝咖啡壺二刻度量
其他材料（一人份）	糖漿…適量（糖漿的做法　將水640毫升注入果汁機中攪拌，再加入1公斤的精緻細砂糖攪拌3~5分鐘） 牛奶…適量　冰塊…適量
使用器具	玻璃杯、牛奶壺、糖漿壺、吸管
做法	1 冰塊裝滿玻璃杯並去除水氣。 2 將萃取出的咖啡直接放入玻璃杯中，以～攪拌。 3 加入牛奶與糖漿。
注意	•攪拌冰塊時以縱向方式攪拌，冰塊較不易溶解。 •糖漿剛完成時會有些許混濁，一會兒為透明。可放入冰箱保存。 •水與砂糖的份量亦可減半。

蜂蜜冰咖啡

使用咖啡	深度烘焙咖啡（義式綜合咖啡等）
研磨度	中細度研磨
使用量（量杯）	一人份＝1.2杯 二人份＝2杯
萃取量	一人份＝咖啡壺一刻度量 二人份＝咖啡壺二刻度量
其他材料（一人份）	蜂蜜…一大匙 牛奶…適量　　冰塊…適量
使用器具	玻璃杯、牛奶壺、吸管
做法	1 冰塊裝滿玻璃杯並去除水氣。 2 萃取出的咖啡趁溫熱時溶入蜂蜜。 3 將 2 注入 1 中，加入牛奶。
注意	•要趁咖啡熱的時候溶入蜂蜜。 •巴哈咖啡館是將裝有冰塊的玻璃杯與溶有蜂蜜的咖啡分開端給顧客。

維也納咖啡

使用咖啡	中深度烘焙咖啡（巴哈綜合咖啡、法式綜合咖啡等）
研磨度	中細度研磨
使用量（量杯）	一人份＝1.2杯 二人份＝2杯
萃取量	一人份＝咖啡壺一刻度量 二人份＝咖啡壺二刻度量
其他材料（一人份）	糖漿…2～3小匙、鮮奶油…適量 霧狀巧克力（上色用）…適量
使用器具	適合以鮮奶油為頂蓋的杯子
做法	1 將萃取出的咖啡再加熱 2 糖漿放入熱過的杯子中，注入咖啡。 3 攪拌後，將鮮奶油覆在咖啡表面，再噴上霧狀巧克力裝飾。
注意	•重點在於咖啡要熱，鮮奶油要冷。 •使用全乳脂肪40%左右的鮮奶油。打奶泡可用手或者是攪拌器。 •奶泡標準是要能站立。要更增添香味可以滴上二、三滴白蘭地。

咖啡歐蕾

使用咖啡	深度烘焙咖啡（義式綜合咖啡等）
研磨度	中細度研磨
使用量（量杯）	一人份＝1.2杯 二人份＝2杯
萃取量	一人份＝咖啡壺一刻度量 二人份＝咖啡壺二刻度量
其他材料（一人份）	牛奶…100~120ml
使用器具	咖啡歐蕾專用杯
做法	1 在小鍋子中將牛奶煮沸，注入熱過的杯子中。 2 將萃取出的咖啡再加熱，注入裝有牛奶的杯中，裝到八分滿。
注意	• 咖啡與牛奶的份量視杯子大小而定。 • 加熱牛奶時盡可能除去表面的膜。

熱摩卡爪哇

使用咖啡	深度烘焙咖啡（義式綜合咖啡等）
研磨度	中細度研磨
使用量（量杯）	一人份＝1.2杯 二人份＝2杯
萃取量	一人份＝咖啡壺一刻度量 二人份＝咖啡壺二刻度量
其他材料（一人份）	巧克力醬…一大匙、鮮奶油…適量 巧克力屑…適量
使用器具	適合以鮮奶油為頂蓋的杯子
做法	1 萃取出的咖啡再加熱。 2 將巧克力醬注入溫熱的杯子中，倒入咖啡。 3 攪拌後，將鮮奶油覆上咖啡，灑上巧克力屑。
注意	• 重點是咖啡要熱，鮮奶油要冷。鮮奶油要用全乳脂肪40%左右。 • 打奶泡可用手也可用攪拌器。標準是奶泡能夠站立。 • 巧克力醬可以使用市面上賣的現成產品，也可以自行溶巧克力塊製作。

肉桂咖啡

使用咖啡	深度烘焙咖啡（義式綜合咖啡等）
研磨度	中細度研磨
使用量（量杯）	一人份＝1.2杯 二人份＝2杯
萃取量	一人份＝咖啡壺一刻度量 二人份＝咖啡壺二刻度量
其他材料（一人份）	精緻細砂糖…一大匙、鮮奶油…適量、肉桂粉…適量 檸檬皮或者柳橙皮…少許、肉桂棒…一根
使用器具	適合以鮮奶油為頂蓋的杯子
做法	1 萃取出的咖啡再加熱。 2 將精緻細砂糖放入溫熱過的杯中，注入咖啡。 3 攪拌後，將鮮奶油覆上咖啡，灑上肉桂粉。 4 奶泡上放上檸檬皮或柳橙皮，加上肉桂棒。
注意	• 重點是咖啡要熱，鮮奶油要冷。鮮奶油要用全乳脂肪40%左右。 • 打奶泡可用手也可用攪拌器。標準是奶泡能夠站立。

國家圖書館出版品預行編目資料

咖啡大全／田口護. —初版.—台北市：
積木文化出版：家庭傳媒城邦分公司發行，民93
160面；19X26公分.—（飲饌風流；10）
譯自：田口護の珈琲大全
ISBN 978-986-7863-41-6（精裝）
1.咖啡

427.42　　93010317

飲　饌　風　流　10

咖啡大全

原著書名／田口護の珈琲大全
作　　者／田口護
譯　　者／黃薇嬪
審　　訂／黃峻榤、蘇彥彰、謝博戎
系列主編／古國璽

發 行 人／凃玉雲
總 編 輯／王秀婷
行銷業務／黃明雪、陳彥儒
版　　權／向豔宇
出　　版／積木文化
台北市104中山區民生東路二段141號5樓
電話：(02)25007696　傳真：(02)25001953
官方部落格：www.cubepress.com.tw
讀者服務信箱：service_cube@hmg.com.tw
發　　行／英屬蓋曼群島商家庭傳媒股份有限公司城邦分公司
台北市民生東路二段141號2樓
讀者服務專線：(02)25007718-9　24小時傳真專線：(02)25001990-1
服務時間：週一至週五上午09:30-12:00、下午13:30-17:00
郵撥：19863813　戶名：書虫股份有限公司
網站：城邦讀書花園　網址：www.cite.com.tw
香港發行所／城邦（香港）出版集團有限公司
香港灣仔駱克道193號東超商業中心1樓
電話：852-25086231　傳真：852-25789337
電子信箱：hkcite@biznetvigator.com
馬新發行所／城邦（馬新）出版集團
Cite (M) Sdn. Bhd.
41, Jalan Radin Anum, Bandar Baru Sri Petaling,
57000 Kuala Lumpur, Malaysia.
電話：(603) 90578822　傳真：(603) 90576622

封面設計／莊士展
製　　版／上晴彩色印刷製版有限公司
印　　刷／東海印刷事業股份有限公司

城邦讀書花園
www.cite.com.tw

2004年（民93）7月15日初版
2017年（民106）3月03日初版26刷
Printed in Taiwan.

TAGUCHI MAMORU NO COFFEE TAIZEN

Originally published in Japan in 2003 by NHK PUBLISHING. (Japan Broadcast Publishing Co., Ltd.)
Chinese translation rights arranged with NHK PUBLISHING. (Japan Broadcast Publishing Co., Ltd.) through TOHAN CORPORATION, TOKYO

售價／650元

ISBN 978-986-7863-41-6